21世纪高等学校信息安全专业规划教材

防火墙技术及应用实践教程

毕 烨 吴秀梅 ◎编著

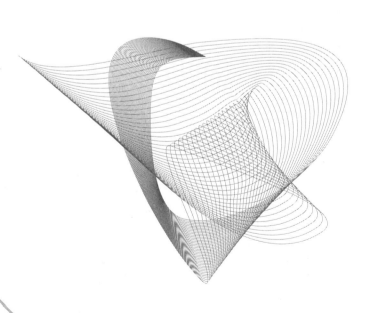

清华大学出版社

北京

<h1 align="center">内 容 简 介</h1>

本书共 10 章,第 1 章讲解防火墙的基础理论,内容包括防火墙概念、分类、功能及防火墙的相关知识等。第 2 章讲解防火墙的工作原理、具备的特性及常用的防火墙技术等。第 3 章讲解计算机操作系统如何配置系统自带的防火墙及如何应用防火墙等。第 4 章讲解常用著名防火墙设置和管理的基本操作。第 5 章讲解 Red Hat Linux 系统安全及 Iptables 防火墙配置。第 6 章讲解 Windows Server 2003 服务器防火墙和 Windows 7 防火墙的高级配置。第 7 章讲解 Windows Server 2008 R2 服务器的安全配置。第 8 章讲解 ISA 网络防火墙的应用操作。第 9 章介绍企业级防火墙 TMG 的部署。第 10 章讲解项目实践案例,虚拟企业的网络安全需求功能。

本教材适合学生自学参考,可作为本科、高职高专层次的教学实践用书,也可以给广大的网络安全入门的专业技术人员以及计算机爱好者提供参考。

图书在版编目(CIP)数据

防火墙技术及应用实践教程/毕烨,吴秀梅编著. —北京:清华大学出版社,2017(2025.2重印)
(21 世纪高等学校信息安全专业规划教材)
ISBN 978-7-302-46467-9

Ⅰ. ①防… Ⅱ. ①毕… ②吴… Ⅲ. ①防火墙技术—教材 Ⅳ. ①TP393.082

中国版本图书馆 CIP 数据核字(2017)第 024660 号

责任编辑: 魏江江 薛 阳
封面设计: 刘 键
责任校对: 胡伟民
责任印制: 丛怀宇

出版发行: 清华大学出版社
   网 址: https://www.tup.com.cn,https://www.wqxuetang.com
   地 址: 北京清华大学学研大厦 A 座   **邮 编:** 100084
   社 总 机: 010-83470000   **邮 购:** 010-62786544
   投稿与读者服务: 010-62776969,c-service@tup.tsinghua.edu.cn
   质量反馈: 010-62772015,zhiliang@tup.tsinghua.edu.cn
   课件下载: https://www.tup.com.cn,010-83470236
印 装 者: 三河市铭诚印务有限公司
经 销: 全国新华书店
开 本: 185mm×260mm   **印 张:** 17   **字 数:** 430 千字
版 次: 2017 年 6 月第 1 版   **印 次:** 2025 年 2 月第 9 次印刷
印 数: 9801~10100
定 价: 39.00 元

产品编号:062091-01

出 版 说 明

由于网络应用越来越普及,信息化的社会已经呈现出越来越广阔的前景,可以肯定地说,在未来的社会中电子支付、电子银行、电子政务以及多方面的网络信息服务将深入到人类生活的方方面面。同时,随之面临的信息安全问题也日益突出,非法访问、信息窃取、甚至信息犯罪等恶意行为导致信息的严重不安全。信息安全问题已由原来的军事国防领域扩展到了整个社会,因此社会各界对信息安全人才有强烈的需求。

信息安全本科专业是 2000 年以来结合我国特色开设的新的本科专业,是计算机、通信、数学等领域的交叉学科,主要研究确保信息安全的科学和技术。自专业创办以来,各个高校在课程设置和教材研究上一直处于探索阶段。但各高校由于本身专业设置上来自于不同的学科,如计算机、通信和数学等,在课程设置上也没有统一的指导规范,在课程内容、深浅程度和课程衔接上,存在模糊不清、内容重叠、知识覆盖不全面等现象。因此,根据信息安全类专业知识体系所覆盖的知识点,系统地研究目前信息安全专业教学所涉及的核心技术的原理、实践及其应用,合理规划信息安全专业的核心课程,在此基础上提出适合我国信息安全专业教学和人才培养的核心课程的内容框架和知识体系,并在此基础上设计新的教学模式和教学方法,对进一步提高国内信息安全专业的教学水平和质量具有重要的意义。

为了进一步提高国内信息安全专业课程的教学水平和质量,培养适应社会经济发展需要的、兼具研究能力和工程能力的高质量专业技术人才。在教育部相关教学指导委员会专家的指导和建议下,清华大学出版社与国内多所重点大学共同对我国信息安全人才培养的课程框架和知识体系,以及实践教学内容进行了深入的研究,并在该基础上形成了"信息安全人才需求与专业知识体系、课程体系的研究"等研究报告。

本系列教材是在课程体系的研究基础上总结、完善而成,力求充分体现科学性、先进性、工程性,突出专业核心课程的教材,兼顾具有专业教学特点的相关基础课程教材,探索具有发展潜力的选修课程教材,满足高校多层次教学的需要。

本系列教材在规划过程中体现了如下一些基本组织原则和特点。

(1) 反映信息安全学科的发展和专业教育的改革,适应社会对信息安全人才的培养需求,教材内容坚持基本理论的扎实和清晰,反映基本理论和原理的综合应用,在其基础上强调工程实践环节,并及时反映教学体系的调整和教学内容的更新。

(2) 反映教学需要,促进教学发展。教材要适应多样化的教学需要,正确把握教学内容和课程体系的改革方向,在选择教材内容和编写体系时注意体现素质教育、创新能力与实践能力的培养,为学生知识、能力、素质协调发展创造条件。

（3）实施精品战略,突出重点。规划教材建设把重点放在专业核心（基础）课程的教材建设上；特别注意选择并安排一部分原来基础比较好的优秀教材或讲义修订再版,逐步形成精品教材；提倡并鼓励编写体现工程型和应用型的专业教学内容和课程体系改革成果的教材。

（4）支持一纲多本,合理配套。专业核心课和相关基础课的教材要配套,同一门课程可以有多本具有各自内容特点的教材。处理好教材统一性与多样化,基本教材与辅助教材、教学参考书,文字教材与软件教材的关系,实现教材系列资源的配套。

（5）依靠专家,择优落实。在制定教材规划时依靠各课程专家在调查研究本课程教材建设现状的基础上提出规划选题。在落实主编人选时,要引入竞争机制,通过申报、评审确定主编。书稿完成后认真实行审稿程序,确保出书质量。

繁荣教材出版事业,提高教材质量的关键是教师。建立一支高水平的、以老带新的教材编写队伍才能保证教材的编写质量,希望有志于教材建设的教师能够加入到我们的编写队伍中来。

21 世纪高等学校信息安全专业规划教材
联系人：魏江江 weijj@tup. tsinghua. edu. cn

前　　言

网络安全问题随着互联网的发展与电子商务的盛行变得日益重要。随着企业和个人越来越频繁地使用互联网进行工作和生活，网络安全性成为一个重要的议题。数据在网络上传输，此时个人或公司传送的数据就有可能被拦截、修改或盗用。防火墙的目的就是保护网络不被未经授权的使用者经由外界网络不法侵入。

防火墙(Firewall)是指设置在不同网络(如可信任的企业内部网和不可信的公共网)或网络安全域之间的一系列部件的组合。它是不同网络或网络安全域之间信息的唯一出入口，能根据企业的安全政策控制(允许、拒绝、监测)出入网络的信息流，且本身具有较强的抗攻击能力。

为实现企业内部所需求的各项任务，防火墙需按照各类部门用户的需求制订安全策略，主要解决企业内网管理问题，便于统一管理各个部门的工作需求，改善以往比较混乱的情况，对所有关于网络的管理进行整合。

防火墙是提供信息安全服务、实现网络和信息安全的基础设施之一，一般安装在被保护区域的边界处，被保护区域与 Internet 之间的防火墙可以有效控制区域内部网络与外部网络之间的访问和数据传输，进而达到保护区域内部信息安全的目的，同时，通过防火墙的检查控制可以过滤掉很多非法信息。

本书介绍了防火墙的基本概念与实验操作、配置系统自带的防火墙、常用著名防火墙设置、Red Hat Linux 系统安全及 Iptables 防火墙配置、Windows Server 2003 服务器防火墙、Windows 7 防火墙的高级配置、Windows Server 2008 R2 服务器的安全配置、ISA 网络防火墙、企业级防火墙 TMG 的部署、虚拟企业的网络安全项目实践案例。

通常，计算机网络工程专业和其他相关计算机专业的学生需要学习网络安全方面的课程，防火墙技术课程是网络安全方面的重要环节，是教学和实践的必选课程。在教学和实践的过程中，我们感到选用的教材不太适合实际的教学和实践，有的教材太偏重理论知识，缺乏实验和操作，有的教材不合适学生使用。在这个情况下，我们多次研究和总结，编写了本教程，并在实际的教学和实践中得到了师生的较好反应，于是决定出版以方便同类学生使用。

本教材编写的原则：针对网络安全类专业的教学规划，介绍防火墙的基本概念，着重讲述防火墙技术的实验、项目设计，为本科及高职高专的网络安全类专业提供可行的、实用的教程。

　　本教材编写的特点：注重实践操作和项目案例，结合当前防火墙技术的开发与应用的知识点，着重介绍防火墙的实验案例，以便于读者进行实际操作和掌握，使读者较快掌握防火墙技术并在实际中解决问题，给广大从事网络安全的人员提供一些帮助。

　　本教材由上海第二工业大学毕烨负责编写，吴秀梅参编。通过收集大量资料，经过多个学期的教学、实践反复论证，并以防火墙的实验案例为主导思想，完成此教材的编写。感谢上海第二工业大学的学生苏东坡、马博、吴中宁，他们参与了本书的实验与论证。

　　本书适用于应用技术型本科院校、高职高专层次的学生掌握防火墙应用技术，为打造真实的工作环境，本教材在第 10 章编写了虚拟企业基于防火墙技术的网络安全的设计开发工作，使学生可以在校内学习到在企业工作中所需要的技术，实现学业到就业的无缝衔接。由于作者水平有限，书中难免存在疏漏与不妥之处，敬请读者予以指正。

目　　录

第1章 防火墙概述

网络安全问题将随着 Internet 宽带发展与电子商务的事务需求变得日益重要。企业或个人利用互联网来进行交易越来越频繁,相对地网络安全性就成为一个重要的问题。个人会使用信用卡在网络上做交易、公司之间做信息交换,一些重要资料会在网络上相互流动,这时个人或公司传送的资料就有可能会被拦截、修改或盗用,而有些黑客有时会为了试试他的技术而入侵别人的计算机,严重的会致使公司的网站被破坏并毁掉顾客资料,以致影响到公司的利益或顾客的隐私及权利。为此防火墙的目的就是要保护网络不被未经授权的使用者经由外界网络(如 Internet)不法侵入,为维护企业及个人的利益建立一道安全屏障。

1.1 防火墙定义

防火墙是指隔离在本地网络与外界网络之间的一道防御系统,是这一类防范措施的总称。

防火墙的架构是一套独立的软、硬件配置,基本上是在一台服务器上,由操作系统(Operating System,OS)及网络防火墙应用软件而构成。它架构于互联网(Internet)与内部网络(Intranet)之间,被运用于两个网络之间,作为内部与外部沟通的桥梁,也是企业网络对外接触的第一道大门。

在互联网上防火墙是一种非常有效的网络安全系统,通过它可以隔离风险区域(即 Internet 或有一定风险的网络)与安全区域(局域网)的连接,同时不会妨碍人们对风险区域的访问。防火墙可以监控进出网络的通信量,从而完成看似不可能的任务;仅让安全、核准了的信息进入,同时又抵制有威胁的数据。随着安全性问题上的失误和缺陷越来越普遍,对网络的入侵不仅来自高超的攻击手段,也有可能来自配置上的低级错误或不合适的口令选择。因此,防火墙的作用是防止不希望的、未授权的通信进出被保护的网络,强化了网络安全政策。

一般的防火墙都可以达到以下目的:一是可以限制他人进入内部网络,过滤掉不安全服务和非法用户;二是防止入侵者接近防御设施;三是限定用户访问特殊站点;四是为监视 Internet 安全提供方便。由于防火墙假设了网络边界和服务,因此更适合于相对独立的网络,例如 Intranet 等种类相对集中的网络。防火墙正在成为控制对网络系统访问的非常流行的方法。目前,在 Internet 上的 Web 网站中,超过三分之一的 Web 网站都是由某种形式的防火墙加以保护,这是对黑客防范最严,安全性较强的一种方式,任何关键性的服务器,都建议放在防火墙之后。

防火墙主要由服务访问规则、验证工具、包过滤和应用网关 4 个部分组成。

在互联网上防火墙是一种非常有效的网络安全模型,通过它可以隔离风险区域(即 Internet 或有一定风险的网络)与安全区域(局域网)的连接。所谓"防火墙",是指一种将内部网和公众访问网(如 Internet)分开的方法,它实际上是一种隔离技术。防火墙是在两个网络通信时执行的一种访问控制尺度,它能允许"同意"的人和数据进入网络,同时将"不同意"的人和数据拒之门外,最大限度地阻止网络中的黑客访问网络。换句话说,如果不通过防火墙,公司内部的人就无法访问 Internet,Internet 上的人也无法和公司内部的人进行通信。

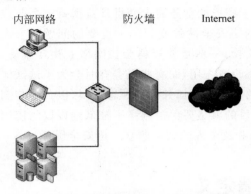

图 1-1　防火墙逻辑位置示意图

防火墙是设置在不同网络(如可信任的企业内部网和不可信的公共网)或网络安全域之间的一系列部件的组合,如图 1-1 所示。它是不同网络或网络安全域之间信息的唯一出入口,能根据企业的安全政策控制(允许、拒绝、监测)出入网络的信息流,且本身具有较强的抗攻击能力。它是提供信息安全服务,实现网络和信息安全的基础设施。

在逻辑上,防火墙是一个分离器,一个限制器,也是一个分析器,有效地监控了内部网和 Internet 之间的任何活动,保证了内部网络的安全。防火墙可以是硬件型的,所有数据都首先通过硬件芯片监测,也可以是软件类型,软件在计算机上运行并监控。其实硬件型也就是芯片里固化了的软件,但是它不占用计算机 CPU 处理时间,功能非常强大,处理速度很快,但对于个人用户来说软件型更加方便实用。

防火墙技术从诞生开始,就在时刻不停地发展着,各种不同结构不同功能的防火墙,构筑成网络上的一道道防御大堤。

1.2　防火墙的分类与技术

1.2.1　防火墙的分类

防火墙分类的方法很多,除了从形式上把它分为软件防火墙和硬件防火墙以外,还可以从技术上分为包过滤型、应用代理型和状态监视三类;从结构上又分为单一主机防火墙、路由集成式防火墙和分布式防火墙三种;按工作位置分为边界防火墙、个人防火墙和混合防火墙;按防火墙性能分为百兆级防火墙和千兆级防火墙两类;等等。虽然看似种类繁多,但这只是因为业界分类方法不同罢了,例如,一台硬件防火墙就可能由于结构、数据吞吐量和工作位置而规划为"百兆级状态监视型边界防火墙",因此这里主要介绍的是技术方面的分类,即包过滤型、应用代理型和状态监视型防火墙技术。

为了更有效率地对付网络上各种不同的攻击手段,防火墙也划分出几种防御架构。根据物理特性,防火墙分为两大类,硬件防火墙和软件防火墙。软件防火墙是一种安装在负责内外网络转换的网关服务器或者独立的个人计算机上的特殊程序,它是以逻辑形式存在的,防火墙程序跟随系统启动,通过运行在 Ring0 级别的特殊驱动模块把防御机制插入系统关于网络的处理部分和网络接口设备驱动之间,形成一种逻辑上的防御体系。

在没有软件防火墙之前,系统和网络接口设备之间的通道是直接的,网络接口设备通过网络驱动程序接口(Network Driver Interface Specification,NDIS)把网络上传来的各种报文都忠实地交给系统处理,例如,一台计算机接收到请求列出机器上所有共享资源的数据报文,NDIS 直接把这个报文提交给系统,系统在处理后就会返回相应数据,在某些情况下就会造成信息泄漏。而使用软件防火墙后,尽管 NDIS 接收到的仍然是原封不动的数据报文,但是在提交到系统的通道上时多了一层防御机制,所有数据报文都要经过这层机制根据一定的规则判断处理,只有它认为安全的数据才能到达系统,其他数据则被丢弃。因为有规则提到“列出共享资源的行为是危险的”,因此在防火墙的判断下,这个报文会被丢弃,这样一来,系统接收不到报文,则认为什么事情也没发生过,也就不会把信息泄漏出去了。

软件防火墙工作于系统接口与 NDIS 之间,用于检查过滤由 NDIS 发送过来的数据,在无须改动硬件的前提下便能实现一定强度的安全保障,但是由于软件防火墙自身属于运行于系统上的程序,不可避免地需要占用一部分 CPU 资源维持工作,而且由于数据判断处理需要一定的时间,在一些数据流量大的网络里,软件防火墙会使整个系统工作效率和数据吞吐速度下降,甚至有些软件防火墙会存在漏洞,导致有害数据可以绕过它的防御体系,给数据安全带来损失,因此,许多企业并不会考虑用软件防火墙方案作为公司网络的防御措施,而是使用看得见摸得着的硬件防火墙。

硬件防火墙是一种以物理形式存在的专用设备,通常架设于两个网络的驳接处,直接从网络设备上检查过滤有害的数据报文,位于防火墙设备后端的网络或者服务器接收到的是经过防火墙处理的相对安全的数据,不必另外分出 CPU 资源去进行基于软件架构的 NDIS 数据检测,可以大大提高工作效率。

硬件防火墙一般是通过网线连接于外部网络接口与内部服务器或企业网络之间的设备,这里又另外划分出两种结构,一种是普通硬件级别防火墙,它拥有标准计算机的硬件平台和一些功能经过简化处理的 UNIX 系列操作系统和防火墙软件,这种防火墙措施相当于专门拿出一台计算机安装了软件防火墙,除了不需要处理其他事务以外,它毕竟还是一般的操作系统,因此有可能会存在漏洞和不稳定因素,安全性并不能做到最好;另一种是所谓的“芯片”级硬件防火墙,它采用专门设计的硬件平台,在上面搭建的软件也是专门开发的,并非流行的操作系统,因而可以达到较好的安全性能保障。

所谓的边界防火墙、单一主机防火墙又是什么概念呢?所谓边界,就是指两个网络之间的接口处,工作于此的防火墙就被称为“边界防火墙”;与之相对的有“个人防火墙”,它们通常是基于软件的防火墙,只处理一台计算机的数据而不是整个网络的数据,现在一般家庭用户使用的软件防火墙就是属于这一类。而单一主机防火墙,就是最常见的一台台硬件防火墙了;一些厂商为了节约成本,直接把防火墙功能嵌进路由设备里,就形成了路由集成式防火墙。

下面介绍防火墙的基本类型。

1. 包过滤防火墙

第一代防火墙和最基本形式的防火墙检查每一个通过的网络包,或者丢弃,或者放行,取决于所建立的一套规则。这称为包过滤防火墙。本质上,包过滤防火墙是多址的,表明它有两个或两个以上网络适配器或接口。例如,作为防火墙的设备可能有两块网卡(NIC),一块连到内部网络,一块连到公共的 Internet。防火墙的任务,就是作为“通信警察”,指引包和截住那些有危害的包。

包过滤防火墙检查每一个传入包，查看包中可用的基本信息（源地址和目的地址、端口号、协议等）。然后，将这些信息与设立的规则相比较。如果已经设立了阻断 Telnet 连接，而包的目的端口是 23 的话，那么该包就会被丢弃。如果允许传入 Web 连接，而目的端口为 80，则包就会被放行。

多个复杂规则的组合也是可行的。如果允许 Web 连接，但只针对特定的服务器，目的端口和目的地址二者必须与规则相匹配，才可以让该包通过。

最后，可以确定当一个包到达时，如果有理由让该包通过，就要建立规则来处理它。

建立一个包过滤防火墙规则的例子如下。

对来自专用网络的包，只允许来自内部地址的包通过，因为其他包包含不正确的包头部信息。这条规则可以防止网络内部的任何人通过欺骗性的源地址发起攻击。而且，如果黑客对专用网络内部的机器具有了不知从何得来的访问权，这种过滤方式可以阻止黑客从网络内部发起攻击。

在公共网络，只允许目的地址为 80 端口的包通过。这条规则只允许传入的连接为 Web 连接。这条规则也允许与 Web 连接使用相同端口的连接，所以它并不是十分安全。

丢弃从公共网络传入的包，而这些包都有网络内的源地址，从而减少 IP 欺骗性的攻击。

丢弃包含源路由信息的包，以减少源路由攻击。要记住，在源路由攻击中，传入的包包含路由信息，它覆盖了包通过网络应采取的正常路由，可能会绕过已有的安全程序。通过忽略源路由信息，防火墙可以减少这种方式的攻击。

2. 状态/动态检测防火墙

状态/动态检测防火墙，试图跟踪通过防火墙的网络连接和包，这样防火墙就可以使用一组附加的标准，以确定是否允许和拒绝通信。它是在使用了基本包过滤防火墙的通信上应用一些技术来做到这点的。

当包过滤防火墙见到一个网络包，包是孤立存在的。它没有防火墙所关心的历史或未来。允许和拒绝包的决定完全取决于包自身所包含的信息，如源地址、目的地址、端口号等。包中没有包含任何描述它在信息流中的位置的信息，则该包被认为是无状态的，它仅是存在而已。

检查一个有状态包防火墙跟踪的不仅是包中包含的信息。为了跟踪包的状态，防火墙还记录有用的信息以帮助识别包，例如已有的网络连接、数据的传出请求等。

如果传入的包包含视频数据流，防火墙可能已经记录了有关信息，是关于位于特定 IP 地址的应用程序最近向发出包的源地址请求视频信号的信息。如果传入的包是要传给发出请求的相同系统，防火墙进行匹配，包就可以被允许通过。

一个状态/动态检测防火墙可截断所有传入的通信，而允许所有传出的通信。因为防火墙跟踪内部出去的请求，所有按要求传入的数据被允许通过，直到连接被关闭为止。只有未被请求的传入通信被截断。

如果在防火墙内正运行一台服务器，配置就会变得稍微复杂一些，但状态包检查是很有力度和适应性的技术。例如，可以将防火墙配置成只允许从特定端口进入的通信，只可传到特定服务器。如果正在运行 Web 服务器，防火墙只将 80 端口传入的通信发到指定的 Web 服务器。

另外,状态/动态检测防火墙可提供的其他一些额外的服务如下。

(1) 将某些类型的连接重定向到审核服务中去。例如,到专用 Web 服务器的连接,在 Web 服务器连接被允许之前,可能被发到 SecutID 服务器(用一次性口令来使用)。

(2) 拒绝携带某些数据的网络通信,例如,带有附加可执行程序的传入电子消息,或包含 ActiveX 程序的 Web 页面。

跟踪连接状态的方式取决于包通过防火墙的类型。

(1) TCP 包。当建立起一个 TCP 连接时,通过的第一个包被标有包的 SYN 标志。一般情况下,防火墙会丢弃所有外部的连接企图,除非已经建立起某条特定规则来处理它们。对内部的连接试图连到外部主机,防火墙会注明连接包,允许响应及随后再连接两个系统之间的包,直到连接结束为止。在这种方式下,传入的包只有在它是响应一个已建立的连接时,才会被允许通过。

(2) UDP 包。UDP 包比 TCP 包简单,因为它们不包含任何连接或序列信息。它们只包含源地址、目的地址、校验和携带的数据。信息的缺乏使得防火墙确定包的合法性很困难,因为没有打开的连接可以测试传入的包是否应被允许通过。可是,防火墙跟踪连接状态的方式可以确定。对传入的包,若它所使用的地址和 UDP 包携带的协议与传出的连接请求匹配,该包就被允许通过。和 TCP 包一样,UDP 包会被允许通过,是响应传出的请求或已经建立了指定的规则来处理它。

对其他种类的包,情况和 UDP 包类似。防火墙仔细地跟踪传出的请求,记录下所使用的地址、协议和包的类型,然后对照保存过的信息核对传入的包,以确保这些包是被请求的。

3. 应用程序代理防火墙

应用程序代理防火墙实际上并不允许在它连接的网络之间直接通信。它是接收来自内部网络特定用户应用程序的通信,再建立单独的公共网络服务器连接。网络内部的用户不直接与外部的服务器通信,所以服务器不能直接访问内部网的任何一部分。

另外,如果不为特定的应用程序安装代理程序代码,这种服务是不会被支持的,不能建立任何连接。这种建立方式拒绝任何没有明确配置的连接,从而提供了额外的安全性和控制性。

例如,一个用户的 Web 浏览器可能在 80 端口,但也经常可能是在 1080 端口,连接到了内部网络的 HTTP 代理防火墙。防火墙会接收这个连接请求,并把它转到所请求的 Web 服务器。这种连接和转移对该用户来说是透明的,因为它完全是由代理防火墙自动处理的。代理防火墙通常支持的一些常见的应用程序有 HTTP、HTTPS/SSL、SMTP、POP3、IMAP、NNTP、Telnet、FTP 和 IRC。

应用程序代理防火墙可以配置成允许来自内部网络的任何连接,它也可以配置成要求用户认证后才建立连接。要求认证的方式有只为已知的用户建立连接的限制,为安全性提供了额外的保证。如果网络受到危害,这个特征使得从内部发动攻击的可能性大大减少。

4. NAT

讨论到防火墙的主题,就一定要提到有一种路由器,尽管从技术上讲它根本不是防火墙。网络地址转换(NAT)协议将内部网络的多个 IP 地址转换到一个公共地址发到 Internet 上。

NAT 经常用于小型办公室、家庭等网络，多个用户分享单一的 IP 地址，并为 Internet 连接提供一些安全机制。

当内部用户与一个公共主机通信时，NAT 追踪是哪一个用户发起的请求，修改传出的包，这样包就像是来自单一的公共 IP 地址，然后再打开连接。一旦建立了连接，在内部计算机和 Web 站点之间来回流动的通信就都是透明的了。

当从公共网络传来一个未经请求的传入连接时，NAT 有一套规则来决定如何处理它。如果没有事先定义好的规则，NAT 只是简单地丢弃所有未经请求的传入连接，就像包过滤防火墙所做的那样。

可是，就像对包过滤防火墙一样，可以将 NAT 配置为接受某些特定端口传来的传入连接，并将它们送到一个特定的主机地址。

1.2.2 防火墙的技术

传统意义上的防火墙技术分为三大类：包过滤（Packet Filtering）、应用代理（Application Proxy）和状态监视（Stateful Inspection）。无论一个防火墙的实现过程多么复杂，归根结底都是在这三种技术的基础上进行功能扩展的。

1. 包过滤技术

包过滤是最早使用的一种防火墙技术，它的第一代模型是静态包过滤（Static Packet Filtering）。使用包过滤技术的防火墙通常工作在 OSI 模型中的网络层（Network Layer）上，后来发展更新的动态包过滤（Dynamic Packet Filtering）增加了传输层（Transport Layer）。简而言之，包过滤技术工作的地方就是各种基于 TCP/IP 协议的数据报文进出的通道，它把这两层作为数据监控的对象，对每个数据包的头部、协议、地址、端口、类型等信息进行分析，并与预先设定好的防火墙过滤规则（Filtering Rule）进行核对，一旦发现某个包的某个或多个部分与过滤规则匹配并且条件为"阻止"的时候，这个包就会被丢弃。适当地设置过滤规则可以让防火墙工作得更安全有效，但是这种技术只能根据预设的过滤规则进行判断，一旦出现一个没有在设计人员意料之中的有害数据包请求，整个防火墙就形同虚设了。

读者也许会想，自行添加不行吗？但是别忘了，为普通计算机用户考虑，并不是所有人都了解网络协议的，如果防火墙工具出现了过滤遗漏问题，他们只能等着被入侵了。一些公司采用定期从网络升级过滤规则的方法，这个创意固然可以方便一部分家庭用户，但是对相对比较专业的用户而言，却不见得就是好事，因为他们可能会有根据自己的机器环境设定和改动的规则，如果这个规则刚好和升级到的规则发生冲突，用户就该郁闷了，而且如果两条规则冲突了，防火墙会不会当场崩溃？也许就因为考虑到这些因素，至今没见过有多少个产品会提供过滤规则更新功能的，这并不能和杀毒软件的病毒特征库升级原理相提并论。

为了解决这种鱼与熊掌难以兼得的问题，人们对包过滤技术进行了改进，这种改进后的技术称为动态包过滤技术（市场上存在一种基于状态的包过滤防火墙技术，即 Stateful-based Packet Filtering，它们其实是同一类型）。与它的前辈相比，动态包过滤功能在保持原有静态包过滤技术和过滤规则的基础上，会对已经成功与计算机连接的报文传输进行跟踪，并且判断该连接发送的数据包是否会对系统构成威胁，一旦触发其判断机制，防火墙就会自动产生新的临时过滤规则或者对已经存在的过滤规则进行修改，从而阻止该有害数据的继续传输。但是由于动态包过滤需要消耗额外的资源和时间来提取数据包内容进行判断处理,所以与静态包过滤相比,它会降低运行效率,但是静态包过滤已经几乎退出市场了,能选择的,大部分也只有动态包过滤防火墙了。

2. 应用代理技术

由于包过滤技术无法提供完善的数据保护措施,而且一些特殊的报文攻击仅使用过滤的方法并不能消除危害(如 SYN 攻击、ICMP 洪水等),因此人们需要一种更全面的防火墙保护技术,在这样的需求背景下,采用应用代理(Application Proxy)技术的防火墙诞生了。代理服务器作为一个为用户保密或者突破访问限制的数据转发通道,在网络上应用广泛。一个完整的代理设备包含一个服务端和客户端,服务端接收来自用户的请求,调用自身的客户端模拟一个基于用户请求的连接到目标服务器,再把目标服务器返回的数据转发给用户,完成一次代理工作过程。"应用代理"防火墙,实际上就是一台小型的带有数据检测过滤功能的透明代理服务器(Transparent Proxy),但是它并不是单纯地在一个代理设备中嵌入包过滤技术,而是一种被称为应用协议分析(Application Protocol Analysis)的新技术。

"应用协议分析"技术工作在 OSI 模型的最高层——应用层上,在这一层里能接触到的所有数据都是最终形式,也就是说,防火墙"看到"的数据和我们看到的是一样的,而不是一个个带着地址端口协议等原始内容的数据包,因而它可以实现更高级的数据检测过程。整个代理防火墙把自身映射为一条透明线路,在用户方面和外界线路看来,它们之间的连接并没有任何阻碍,但是这个连接的数据收发实际上是经过了代理防火墙转向的,当外界数据进入代理防火墙的客户端时,"应用协议分析"模块便根据应用层协议处理这个数据,通过预置的处理规则查询这个数据是否带有危害,由于这一层面对的已经不再是组合有限的报文协议,所以防火墙不仅能根据数据层提供的信息判断数据,更能像管理员分析服务器日志那样"看"内容辨危害。而且由于工作在应用层,防火墙还可以实现双向限制,在过滤外部网络有害数据的同时也监控着内部网络的信息,管理员可以配置防火墙实现一个身份验证和连接时限的功能,进一步防止内部网络信息泄漏的隐患。

最后,由于代理防火墙采取代理机制进行工作,内外部网络之间的通信都需先经过代理服务器审核,通过后再由代理服务器连接,根本没有给分隔在内外部网络两边的计算机直接会话的机会,可以避免入侵者使用"数据驱动"攻击方式(一种能通过包过滤技术防火墙规则的数据报文,但是当它进入计算机处理后,却变成能够修改系统设置和用户数据的恶意代码)渗透内部网络,可以说,应用代理是比包过滤技术更完善的防火墙技术。

但是,似乎任何东西都不可能逃避墨菲定律的规则,代理型防火墙的结构特征偏偏正是它最大的缺点,由于它是基于代理技术的,通过防火墙的每个连接都必须建立在为之创建的代理程序进程上,而代理进程自身是要消耗一定时间的,更何况代理进程里还有一套复杂的协议分析机制在同时工作,于是数据在通过代理防火墙时就不可避免地发生数据迟滞现象。换个形象的说法,每个数据连接在经过代理防火墙时都会先被请进保安室喝杯茶、搜搜身,再继续赶路,而保安的工作速度并不能很快。代理防火墙是以牺牲速度为代价换取了比包过滤防火墙更高的安全性能的,在网络吞吐量不是很大的情况下,也许用户不会察觉到什么,然而到了数据交换频繁的时刻,代理防火墙就成了整个网络的瓶颈,而且一旦防火墙的硬件配置支撑不住高强度的数据流量而发生罢工,整个网络可能就会因此瘫痪了。所以,代理防火墙的普及范围还远远不及包过滤型防火墙,所以就目前整个庞大的软件防火墙市场来说,代理防火墙很难有立足之地。

3. 状态监视技术

这是继包过滤技术和应用代理技术后发展的防火墙技术，它是 CheckPoint 技术公司在基于包过滤原理的动态包过滤技术基础上发展而来的，与之类似的有其他厂商联合发展的深度包检测(Deep Packet Inspection)技术。这种防火墙技术通过一种被称为状态监视的模块，在不影响网络安全正常工作的前提下采用抽取相关数据的方法对网络通信的各个层次实行监测，并根据各种过滤规则做出安全决策。

状态监视技术在保留了对每个数据包的头部、协议、地址、端口、类型等信息进行分析的基础上，进一步发展了会话过滤(Session Filtering)功能，在每个连接建立时，防火墙会为这个连接构造一个会话状态，里面包含这个连接数据包的所有信息，以后这个连接都基于这个状态信息进行。这种检测的高明之处是能对每个数据包的内容进行监视，一旦建立了一个会话状态，则此后的数据传输都要以此会话状态作为依据。例如，一个连接的数据包源端口是 8000，那么在以后的数据传输过程里防火墙都会审核这个包的源端口还是不是 8000，否则这个数据包就被拦截，而且会话状态的保留是有时间限制的，在超时的范围内如果没有再进行数据传输，这个会话状态就会被丢弃。状态监视可以对包内容进行分析，从而摆脱了传统防火墙仅局限于几个包头部信息的检测弱点，而且这种防火墙不必开放过多端口，进一步杜绝了可能因为开放端口过多而带来的安全隐患。

由于状态监视技术相当于结合了包过滤技术和应用代理技术，因此是最先进的，但是由于实现技术复杂，在实际应用中还不能做到真正的完全有效的数据安全检测，而且在一般的计算机硬件系统上很难设计出基于此技术的完善防御措施。

4. 技术展望

防火墙作为维护网络安全的关键设备，在目前采用的网络安全的防范体系中，占据着举足轻重的位置。伴随计算机技术的发展和网络的广泛应用，越来越多的企业与个体都遭遇到不同程度的安全难题，因此市场对防火墙的设备需求和技术要求都在不断提升，而且越来越严峻的网络安全问题也要求防火墙技术有更快的提高，否则将会在面对新一轮入侵方法时束手无策。

多功能、高安全性的防火墙可以让用户网络更加无忧，但前提是要确保网络的运行效率，因此在防火墙发展过程中，必须始终将高性能放在主要位置，目前各大厂商正在朝这个方向努力，而且丰富的产品功能也是用户选择防火墙的依据之一。一款完善的防火墙产品，应该包含访问控制、网络地址转换、代理、认证、日志审计等基础功能，并拥有自己特色的安全相关技术，如规则简化方案等，明天的防火墙技术将会如何发展，请拭目以待。

1.2.3　防火墙的功能

1. 防火墙是网络安全的屏障

一个防火墙(作为阻塞点、控制点)能极大地提高一个内部网络的安全性，并通过过滤不安全的服务而降低风险。由于只有经过精心选择的应用协议才能通过防火墙，所以网络环境变得更安全。例如，防火墙可以禁止诸如众所周知的不安全的 NFS 协议进出受保护网络，这样外部的攻击者就不可能利用这些脆弱的协议来攻击内部网络。防火墙同时可以保护网络免受基于路由的攻击，例如，IP 选项中的源路由攻击和 ICMP 重定向中的重定向路径。防火墙应该可以拒绝所有以上类型攻击的报文并通知防火墙管理员。

2. 防火墙可以强化网络安全策略

通过以防火墙为中心的安全方案配置,能将所有安全软件(如口令、加密、身份认证、审计等)配置在防火墙上。与将网络安全问题分散到各个主机上相比,防火墙的集中安全管理更经济。例如,在网络访问时,一次一密口令系统和其他的身份认证系统完全可以不必分散在各个主机上,而是集中在防火墙上。

3. 对网络存取和访问进行监控审计

如果所有的访问都经过防火墙,那么,防火墙就能记录下这些访问并做出日志记录,同时也能提供网络使用情况的统计数据。当发生可疑动作时,防火墙能进行适当的报警,并提供网络是否受到监测和攻击的详细信息。另外,收集一个网络的使用和误用情况也是非常重要的。首先的理由是可以清楚防火墙是否能够抵挡攻击者的探测和攻击,并且清楚防火墙的控制是否充足。而网络使用统计对网络需求分析和威胁分析等而言也是非常重要的。

4. 防止内部信息的外泄

通过利用防火墙对内部网络的划分,可实现内部网重点网段的隔离,从而限制了局部重点或敏感网络安全问题对全局网络造成的影响。再者,隐私是内部网络非常关心的问题,一个内部网络中不引人注意的细节可能包含有关安全的线索而引起外部攻击者的兴趣,甚至因此而暴露了内部网络的某些安全漏洞。使用防火墙就可以隐蔽那些透漏内部细节如Finger、DNS 等服务。Finger 显示了主机的所有用户的注册名、真名,最后登录时间和使用Shell 类型等。但是 Finger 显示的信息非常容易被攻击者所获悉。攻击者可以知道一个系统使用的频繁程度,这个系统是否有用户正在连线上网,这个系统是否在被攻击时引起注意等。防火墙可以同样阻塞有关内部网络中的 DNS 信息,这样一台主机的域名和 IP 地址就不会被外界所了解。

除了安全作用,防火墙还支持具有 Internet 服务特性的企业内部网络技术体系 VPN。通过 VPN,将企事业单位在地域上分布在全世界各地的 LAN 或专用子网,有机地连成一个整体,不仅省去了专用通信线路,而且为信息共享提供了技术保障。

1.3　防火墙相关知识

下面介绍防火墙的发展历程。

第一代防火墙技术几乎与路由器同时出现,采用了包过滤(Packet Filter)技术。如图 1-2 所示为防火墙技术的简单发展历史。

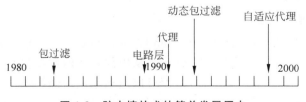

图 1-2　防火墙技术的简单发展历史

1. 第一代：静态包过滤

　　静态包过滤防火墙根据定义好的过滤规则审查每个数据包，以便确定其是否与某一条包过滤规则匹配。过滤规则基于数据包的报头信息进行制订。报头信息中包括 IP 源地址、IP 目标地址、传输协议（TCP、UDP、ICMP 等）、TCP/UDP 目标端口、ICMP 消息类型等。包过滤类型的防火墙要遵循的一条基本原则是最小特权原则，即明确允许那些管理员希望通过的数据包，禁止其他的数据包。主要针对网络层，如图 1-3 所示。

图 1-3　简单包过滤防火墙

　　防火墙最基本的功能：根据 IP 地址做转发判断。由于黑客们可以采用 IP 地址欺骗技术，伪装成合法地址的计算机就可以穿越信任这个地址的防火墙了。根据地址的转发决策机制还是最基本和必需的，另外要注意的是，不要用 DNS 主机名建立过滤表，对 DNS 的伪造比 IP 地址欺骗要容易得多。

2. 第二代：动态包过滤

　　动态包过滤防火墙采用动态设置包过滤规则的方法，避免了静态包过滤所具有的问题。这种技术后来发展成为所谓的状态监测技术。采用这种技术的防火墙对通过其建立的每一个连接都进行跟踪，并且根据需要可动态地在过滤规则中增加，如图 1-4 所示。

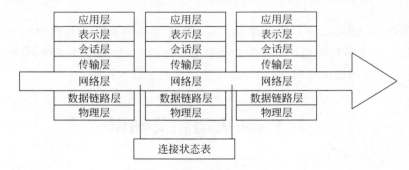

图 1-4　动态包过滤防火墙

　　1989 年，贝尔实验室的 Dave Presotto 和 Howard Trickey 推出了第二代防火墙，即电路层防火墙，同时提出了第三代防火墙——应用层防火墙（代理防火墙）的初步结构。

3. 第三代：代理防火墙

　　代理防火墙也叫应用层网关（Application Gateway）防火墙。这种防火墙通过一种代理（Proxy）技术参与到一个 TCP 连接的全过程。从内部发出的数据包经过这样的防火墙处理后，就好像是源于防火墙外部网卡一样，从而可以达到隐藏内部网结构的作用。这种类型的防火墙被网络安全专家和媒体公认为是最安全的防火墙。它的核心技术就是代理服务器技术。

　　所谓代理服务器,是指代表客户处理在服务器连接请求的程序。当代理服务器得到一个客户的连接意图时,它们将核实客户请求,并经过特定的安全化的 Proxy 应用程序处理连接请求,将处理后的请求传递到真实的服务器上,然后接受服务器应答,并做进一步处理后,将答复交给发出请求的最终客户。代理服务器在外部网络向内部网络申请服务时发挥了中间转接的作用,如图 1-5 所示。

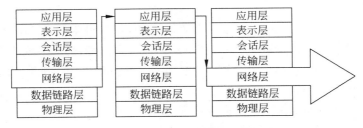

图 1-5　传统代理型防火墙

　　代理类型防火墙的最突出的优点就是安全。由于每一个内外网络之间的连接都要通过 Proxy 的介入和转换,通过专门为特定的服务如 HTTP 编写的安全化的应用程序进行处理,然后由防火墙本身提交请求和应答,没有给内外网络的计算机以任何直接会话的机会,从而避免了入侵者使用数据驱动类型的攻击方式入侵内部网。

　　包过滤类型的防火墙是很难彻底避免这一漏洞的,就像一个陌生人要向重要人物递交一份声明一样,如果先将这份声明交给那个重要人物的律师,律师会审查这份声明,确认没有什么负面的影响后才由律师交给那个重要人物。在此期间,陌生人对这个重要人物的存在一无所知,如果要对其进行侵犯,他面对的将是律师,而律师当然比那个重要人物更加清楚该如何对付这种人。

　　代理防火墙的最大缺点就是速度相对比较慢,当用户对内外网络网关的吞吐量要求比较高时(例如要求达到 75～100Mb/s 时),代理防火墙就会成为内外网络之间的瓶颈。所幸的是,目前用户接入 Internet 的速度一般都远低于这个数字。在现实环境中,要考虑使用包过滤类型防火墙来满足速度要求的情况,大部分是高速网(ATM 或千兆位以太网等)之间的防火墙。

4. 第四代:自适应代理防火墙

　　自适应代理技术(Adaptive Proxy)是最近在商业应用防火墙中实现的一种革命性的技术。它可以结合代理类型防火墙的安全性和包过滤防火墙的高速度等优点,在毫不损失安全性的基础之上将代理型防火墙的性能提高 10 倍以上,它可以针对应用层检测,如图 1-6 所示。

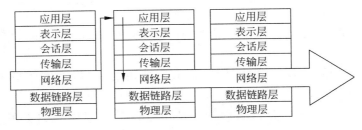

图 1-6　自适应代理防火墙

组成这种类型防火墙的基本要素有两个：自适应代理服务器（Adaptive Proxy Server）与动态包过滤器（Dynamic Packet Filter）。

在自适应代理与动态包过滤器之间存在一个控制通道。在对防火墙进行配置时，用户仅将所需要的服务类型、安全级别等信息通过相应 Proxy 的管理界面进行设置就可以了。然后，自适应代理就可以根据用户的配置信息，决定是使用代理服务从应用层代理请求还是从网络层转发包。如果是后者，它将动态地通知包过滤器增减过滤规则，满足用户对速度和安全性的双重要求。

1992 年，USC（United States Congress，美国国会）信息科学院的 BobBraden 开发出了基于动态包过滤（Dynamic Packet Filter）技术的第四代防火墙，后来演变为目前所说的状态监视（Stateful Inspection）技术。1994 年，以色列的 CheckPoint 公司开发出了第一个采用这种技术的商业化的产品。

1998 年，NAI 公司推出了一种自适应代理（Adaptive Proxy）技术，并在其产品 Gauntlet Firewall for NT 中得以实现，给代理类型的防火墙赋予了全新的意义，可以称之为第五代防火墙。

尽管防火墙的发展经过了上述的几代，但是按照防火墙对内外来往数据的处理方法，大致可以将防火墙分为两大体系：包过滤防火墙和代理防火墙（应用层网关防火墙）。前者以以色列的 CheckPoint 防火墙和 Cisco 公司的 PIX 防火墙为代表，后者以美国 NAI 公司的 Gauntlet 防火墙为代表。

1.4　防火墙功能指标

1. 产品类型

从防火墙产品和技术发展来看，防火墙分为三种类型：基于路由器的包过滤防火墙、基于通用操作系统的防火墙、基于专用安全操作系统的防火墙。

1）LAN 接口

列出支持的 LAN 接口类型：防火墙所能保护的网络类型，如以太网、快速以太网、千兆以太网、ATM、令牌环及 FDDI 等。

支持的最大 LAN 接口数：指防火墙所支持的局域网络接口数目，也是其能够保护的不同内网数目。

服务器平台：防火墙所运行的操作系统平台（如 Linux、UNIX、Windows-NT、专用安全操作系统等）。

2）协议支持

支持的非 IP 协议：除支持 IP 协议之外，还支持 AppleTalk、DECnet、IPX 及 NETBEUI 等协议。

建立 VPN 通道的协议：构建 VPN 通道所使用的协议，如密钥分配等，主要分为 IPSec、PPTP、专用协议等。

可以在 VPN 中使用的协议：在 VPN 中使用的协议，一般是指 TCP/IP。

3）加密支持

支持的 VPN 加密标准：VPN 中支持的加密算法，如数据加密标准 DES、3DES、RC4 以及国内专用的加密算法。

除了 VPN 之外，加密的其他用途：加密除用于保护传输数据以外，还应用于其他领域，如身份认证、报文完整性认证、密钥分配等。

提供基于硬件的加密：是否提供硬件加密方法，硬件加密可以提供更快的加密速度和更高的加密强度。

4）认证支持

支持的认证类型：是指防火墙支持的身份认证协议，一般情况下具有一个或多个认证方案，如 RADIUS、Kerberos、TACACS/TACACS＋、口令方式、数字证书等。防火墙能够为本地或远程用户提供经过认证与授权的对网络资源的访问，防火墙管理员必须决定客户以何种方式通过认证。

列出支持的认证标准和 CA 互操作性：厂商可以选择自己的认证方案，但应符合相应的国际标准，该项指所支持的标准认证协议，以及实现的认证协议是否与其他 CA 产品兼容互通。

支持数字证书：是否支持数字证书。

5）访问控制

通过防火墙的包内容设置：包过滤防火墙的过滤规则集由若干条规则组成，它应涵盖对所有出入防火墙的数据包的处理方法，对于没有明确定义的数据包，应该有一个默认处理方法；过滤规则应易于理解，易于编辑修改；同时应具备一致性检测机制，防止冲突。IP 包过滤的依据主要是根据 IP 包头部信息如源地址和目的地址进行过滤，如果 IP 头中的协议字段表明封装协议为 ICMP、TCP 或 UDP，那么再根据 ICMP 头信息（类型和代码值）、TCP 头信息（源端口和目的端口）或 UDP 头信息（源端口和目的端口）执行过滤，其他的还有 MAC 地址过滤。应用层协议过滤要求主要包括 FTP 过滤、基于 RPC 的应用服务过滤、基于 UDP 的应用服务过滤要求以及动态包过滤技术等。

在应用层提供代理支持：指防火墙是否支持应用层代理，如 HTTP、FTP、Telnet、SNMP 等。代理服务在确认客户端连接请求有效后接管连接，代为向服务器发出连接请求，代理服务器应根据服务器的应答，决定如何响应客户端请求，代理服务进程应当连接两个连接（客户端与代理服务进程间的连接、代理服务进程与服务器端的连接）。为确认连接的唯一性与时效性，代理进程应当维护代理连接表或相关数据库（最小字段集合），为提供认证和授权，代理进程应当维护一个扩展字段集合。

在传输层提供代理支持：指防火墙是否支持传输层代理服务。

允许 FTP 命令防止某些类型文件通过防火墙：指是否支持 FTP 文件类型过滤。

用户操作的代理类型：应用层高级代理功能，如 HTTP、POP3。

支持网络地址转换（NAT）：NAT 指将一个 IP 地址域映射到另一个 IP 地址域，从而为终端主机提供透明路由的方法。NAT 常用于私有地址域与公有地址域的转换以解决 IP 地址匮乏问题。在防火墙上实现 NAT 后，可以隐藏受保护网络的内部结构，在一定程度上提高了网络的安全性。

支持硬件口令、智能卡：是否支持硬件口令、智能卡等，这是一种比较安全的身份认证技术。

2. 防御功能

支持病毒扫描：是否支持防病毒功能，如扫描电子邮件附件中的 DOC 和 ZIP 文件，FTP 中的下载或上载文件内容，以发现其中包含的危险信息。

提供内容过滤：是否支持内容过滤，信息内容过滤指防火墙在 HTTP、FTP、SMTP 等协议层，根据过滤条件，对信息流进行控制，防火墙控制的结果是允许通过、修改后允许通过、禁止通过、记录日志、报警等。过滤内容主要指 URL、HTTP 携带的信息——JavaApplet、JavaScript、ActiveX 和电子邮件中的 Subject、To、From 域等。

能防御的 DoS 攻击类型：拒绝服务攻击(DoS)就是攻击者过多地占用共享资源，导致服务器超载或系统资源耗尽，而使其他用户无法享有服务或没有资源可用。防火墙通过控制、检测与报警等机制，可在一定程度上防止或减轻 DoS 黑客攻击。

阻止 ActiveX、Java、Cookies、JavaScript 侵入：属于 HTTP 内容过滤，防火墙应该能够从 HTTP 页面剥离 JavaApplet、ActiveX 等小程序及从 Script、PHP 和 ASP 等代码检测出危险代码或病毒，并向浏览器用户报警。同时，能够过滤用户上载的 CGI、ASP 等程序，当发现危险代码时，向服务器报警。

支持转发和跟踪 ICMP(ICMP 代理)：是否支持 ICMP 代理，ICMP 为网间控制报文协议。

提供入侵实时警告：提供实时入侵告警功能，当发生危险事件时，是否能够及时报警，报警的方式可能通过邮件、手机等。

提供实时入侵防范：提供实时入侵响应功能，当发生入侵事件时，防火墙能够动态响应，调整安全策略，阻挡恶意报文。

识别/记录/防止企图进行 IP 地址欺骗：IP 地址欺骗指使用伪装的 IP 地址作为 IP 包的源地址对受保护网络进行攻击，防火墙应该能够禁止来自外部网络而源地址是内部 IP 地址的数据包通过。

3. 管理功能

通过集成策略集中管理多个防火墙：是否支持集中管理，防火墙管理是指对防火墙具有管理权限的管理员行为和防火墙运行状态的管理，管理员的行为主要包括通过防火墙的身份鉴别、编写防火墙的安全规则、配置防火墙的安全参数、查看防火墙的日志等。防火墙的管理一般分为本地管理、远程管理和集中管理等。

提供基于时间的访问控制：是否提供基于时间的访问控制。

支持 SNMP 监视和配置：SNMP 是简单网络管理协议的缩写。

本地管理：是指管理员通过防火墙的 Console 口或防火墙提供的键盘和显示器对防火墙进行配置管理。

远程管理：是指管理员通过以太网或防火墙提供的广域网接口对防火墙进行管理，管理的通信协议可以基于 FTP、Telnet、HTTP 等。

支持带宽管理：防火墙能够根据当前的流量动态调整某些客户端占用的带宽。

负载均衡特性：负载均衡可以看成动态的端口映射，它将一个外部地址的某一 TCP 或 UDP 端口映射到一组内部地址的某一端口，负载均衡主要用于将某项服务(如 HTTP)分摊到一组内部服务器上以平衡负载。

失败恢复特性(Failover)：指支持容错技术，如双机热备份、故障恢复，双电源备份等。

记录和报表功能如下。

防火墙处理完整日志的方法：防火墙规定了对于符合条件的报文做日志记录，应该提供日志信息管理和存储方法。

提供自动日志扫描：指防火墙是否具有日志的自动分析和扫描功能，这可以获得更详细的统计结果，达到事后分析、亡羊补牢的目的。

提供自动报表、日志报告书写器：防火墙实现的一种输出方式，提供自动报表和日志报告功能。

警告通知机制：防火墙应提供告警机制，在检测到入侵网络以及设备运转异常情况时，通过警告来通知管理员采取必要的措施，包括 E-mail、手机等。

提供简要报表(按照用户 ID 或 IP 地址)：防火墙实现的一种输出方式，按要求提供报表分类打印。

提供实时统计：防火墙实现的一种输出方式，日志分析后所获得的智能统计结果，一般是图表显示。

列出获得的国内有关部门许可证类别及号码：这是防火墙合格与销售的关键要素之一，其中包括：公安部的销售许可证、国家信息安全测评中心的认证证书、总参的国防通信入网证。

1.5　防火墙技术的主要发展趋势

防火墙可以说是信息安全领域最成熟的产品之一，但是成熟并不意味着发展的停滞，恰恰相反，日益提高的安全需求对信息安全产品提出了越来越高的要求，防火墙也不例外，下面就防火墙一些基本层面的问题来谈谈防火墙产品的主要发展趋势。

1. 模式转变

传统的防火墙通常都设置在网络的边界位置，不论是内网与外网的边界，还是内网中的不同子网的边界，以数据流进行分隔，形成安全管理区域。但这种设计的最大问题是，恶意攻击的发起不仅来自于外网，内网环境同样存在着很多安全隐患，而对于这种问题，边界式防火墙处理起来是比较困难的，所以现在越来越多的防火墙产品也开始体现出一种分布式结构，以分布式为体系进行设计的防火墙产品以网络节点为保护对象，可以最大限度地覆盖需要保护的对象，大大提升安全防护强度，这不仅是单纯的产品形式的变化，而是象征着防火墙产品防御理念的升华。

防火墙的几种基本类型可以说各有优点，所以很多厂商将这些方式结合起来，以弥补单纯一种方式带来的漏洞和不足，例如，比较简单的方式就是既针对传输层面的数据包特性进行过滤，同时也针对应用层的规则进行过滤，这种综合性的过滤设计可以充分挖掘防火墙核心功能的能力，可以说是在自身基础之上进行再发展的最有效途径之一。目前较为先进的一种过滤方式是带有状态检测功能的数据包过滤，其实这已经成为现有防火墙产品的一种主流检测模式了，可以预见，未来的防火墙检测模式将继续整合进更多的范畴，而这些范畴的配合也同时获得大幅的提高。

就目前的现状来看,防火墙的信息记录功能日益完善,通过防火墙的日志系统,可以方便地追踪过去网络中发生的事件,还可以完成与审计系统的连动,具备足够的验证能力,以保证在调查取证过程中采集的证据符合法律要求。相信这一方面的功能在未来会有很大幅度的增强,同时这也是众多安全系统中一个需要共同面对的问题。

2. 功能扩展

现在的防火墙产品已经呈现出一种集成多种功能的设计趋势,包括 VPN、AAA、PKI、IPSec 等附加功能,甚至防病毒、入侵检测这样的主流功能都被集成到防火墙产品中了,很多时候已经无法分辨这样的产品到底是以防火墙为主,还是以某个功能为主了,即其已经逐渐向大家普遍称之为 IPS(入侵防御系统)的产品转化了。有些防火墙集成了防病毒功能,这样的设计会对管理性能带来不少提升,但同时也对防火墙产品的另外两个重要因素产生了影响,即性能和自身的安全问题,所以建议根据具体的应用环境来做综合的权衡,毕竟这个世界暂时还不存在什么完美的解决方案。

防火墙的管理功能一直在迅猛发展,并且不断地提供一些方便好用的功能给管理员,这种趋势仍将继续,更多新颖实效的管理功能会不断地涌现出来,例如短信功能,至少在大型环境里会成为标准配置,当防火墙的规则被变更或类似的被预先定义的管理事件发生之后,报警行为会以多种途径被发送至管理员处,包括即时的短信或移动电话拨叫功能,以确保安全响应行为在第一时间被启动,而且在将来,通过类似手机、PDA 这类移动处理设备也可以方便地对防火墙进行管理,当然,这些管理方式的扩展首先需要面对的问题还是如何保障防火墙系统自身的安全性不被破坏。

3. 性能提高

未来的防火墙产品由于在功能性上的扩展,以及应用日益丰富、流量日益复杂所提出的更多性能要求,会呈现出更强的处理性能要求,而寄希望于硬件性能的水涨船高肯定会出现瓶颈,所以诸如并行处理技术等经济实用并且经过足够验证的性能提升手段将越来越多地应用在防火墙产品平台上;相对来说,单纯的流量过滤性能是比较容易处理的问题,而与应用层涉及越密,性能提高所需要面对的情况就会越复杂;在大型应用环境中,防火墙的规则库至少有上万条记录,而随着过滤的应用种类的提高,规则数往往会以趋进几何级数的程度上升,这对防火墙的负荷是很大的考验,使用不同的处理器完成不同的功能可能是解决办法之一,例如利用集成专有算法的协处理器来专门处理规则判断,在防火墙的某方面性能出现较大瓶颈时,可以单纯地升级某个部分的硬件来解决,这种设计有些已经应用到现有的产品中了,也许未来的防火墙产品会呈现出非常复杂的结构,当然,从某种角度来说,这种状况最好还是不要发生。

另外根据经验,除了硬件因素之外,规则处理的方式及算法也会对防火墙性能造成很明显的影响,所以在防火墙的软件部分也应该会融入更多先进的设计技术,并衍生出更多的专用平台技术,以期缓解防火墙的性能要求。

计算机网络成为重要信息交换手段,服务于社会生活的各个领域。因此,认清网络的脆弱性和潜在威胁以及现实客观存在的各种安全问题,采取强有力的安全策略显得十分重要。而 Internet 所具有的开放性、国际性和自由性,以及 TCP/IP 协议在制定时本身所具有的缺陷,使得网络安全问题日益严重。同时网络技术的发展也使得网络病毒、各种各样的入侵行为和黑客行为变得更加难以防范。防火墙是很早就已经用来保护网络安全的主要机制。然而,网络的整体安全涉及的层面很广,防火墙所使用的控制技术、自身的安全保护能力、网络结构、安全策略等因素都会影响网络的安全性。所以有必要由浅入深地来掌握防火墙技术,正确使用防火墙的控制技术。

综上所述,不论从功能还是从性能来讲,防火墙产品的演进并不会放慢速度,反而产品的丰富程度和推出速度会不断加快,这也反映了安全需求不断上升的一种趋势,而相对于产品本身某个方面的演进,更值得关注的还是平台体系结构的发展以及安全产品标准的发布,这些变化不仅关系到某个环境的某个产品的应用情况,更关系到信息安全领域的未来。

小　　结

本章首先简单讲解了防火墙的概况、防火墙的概念、防火墙技术的基本概念以及防火墙技术的相关概念。对防火墙技术原理和作用进行了简单的介绍,阐述了防火墙中的技术要点的概念。讲述了防火墙的类型及其发展趋势。此外,结合防火墙技术知识讲述了网络安全的相关重要性。

第 2 章　防火墙的工作原理

防火墙是指设置在不同网络(如可信任的企业内部网和不可信的公共网)或网络安全域之间的一系列部件的组合。它是不同网络或网络安全域之间信息的唯一出入口,能根据企业的安全政策控制(允许、拒绝、监测)出入网络的信息流,且本身具有较强的抗攻击能力。它是提供信息安全服务,实现网络和信息安全的基础设施。

2.1　防火墙应具备的特性

当前的防火墙需要具备如下的技术、功能、特性,才可以成为企业用户欢迎的防火墙产品。

(1) 安全、成熟、国际领先的特性。

(2) 具有专有的硬件平台和操作系统平台。

(3) 采用高性能的全状态检测(Stateful Inspection)技术。

(4) 具有优异的管理功能,提供优异的 GUI 管理界面。

(5) 支持多种用户认证类型和多种认证机制。

(6) 需要支持用户分组,并支持分组认证和授权。

(7) 支持内容过滤。

(8) 支持动态和静态地址翻译(NAT)。

(9) 支持高可用性,单台防火墙的故障不能影响系统的正常运行。

(10) 支持本地管理和远程管理。

(11) 支持日志管理和对日志的统计分析。

(12) 实时告警功能,在不影响性能的情况下,支持较大数量的连接数。

(13) 在保持足够的性能指标的前提下,能够提供尽量丰富的功能。

(14) 可以划分很多不同安全级别的区域,相同安全级别可控制是否相互通信。

(15) 支持在线升级。

(16) 支持虚拟防火墙及对虚拟防火墙的资源限制等功能。

(17) 防火墙能够参与入侵检测。

2.2　防火墙的工作原理

在逻辑上,防火墙是一个分离器,一个限制器,也是一个分析器,有效地监控了内部网和Internet 之间的任何活动,保证了内部网络的安全。防火墙可以是硬件型的,所有数据都首先通过硬件芯片监测,也可以是软件类型的,软件在计算机上运行并监控,其实硬件型也就是芯片里固化了的软件,但是它不占用计算机 CPU 处理时间,功能非常强大,处理速度很快,对于个人用户来说软件型更加方便实在。

　　一个防火墙(作为阻塞点、控制点)能极大地提高一个内部网络的安全性,并通过过滤不安全的服务而降低风险。由于只有经过精心选择的应用协议才能通过防火墙,所以网络环境变得更安全。如防火墙可以禁止诸如众所周知的不安全的 NFS 协议进出受保护网络,这样外部的攻击者就不可能利用这些脆弱的协议来攻击内部网络。防火墙同时可以保护网络免受基于路由的攻击,如 IP 选项中的源路由攻击和 ICMP 重定向中的重定向路径。防火墙应该可以拒绝所有以上类型攻击的报文并通知防火墙管理员。

　　通过以防火墙为中心的安全方案配置,能将所有安全软件(如口令、加密、身份认证、审计等)配置在防火墙上。与将网络安全问题分散到各个主机上相比,防火墙的集中安全管理更经济。例如在网络访问时,一次一密口令系统和其他的身份认证系统完全可以不必分散在各个主机上,而集中在防火墙上。

　　如果所有的访问都经过防火墙,那么,防火墙就能记录下这些访问并做出日志记录,同时也能提供网络使用情况的统计数据。当发生可疑动作时,防火墙能进行适当的报警,并提供网络是否受到监测和攻击的详细信息。另外,收集一个网络的使用和误用情况也是非常重要的。首先的理由是可以清楚防火墙是否能够抵挡攻击者的探测和攻击,并且清楚防火墙的控制是否充足。而网络使用统计对网络需求分析和威胁分析等而言也是非常重要的。

　　通过利用防火墙对内部网络的划分,可实现内部网重点网段的隔离,从而限制了局部重点或敏感网络安全问题对全局网络造成的影响。再者,隐私是内部网络非常关心的问题,一个内部网络中不引人注意的细节可能包含有关安全的线索而引起外部攻击者的兴趣,甚至因此而暴露了内部网络的某些安全漏洞。除了安全作用,防火墙还支持具有 Internet 服务特性的企业内部网络技术体系 VPN。通过 VPN,将企事业单位在地域上分布在全世界各地的 LAN 或专用子网有机地连成一个整体。不仅省去了专用通信线路,而且为信息共享提供了技术保障。

2.2.1　防火墙术语

　　在继续学习防火墙技术前,需要对一些重要的术语有一些认识。

1. 网关

　　网关是在两个设备之间提供转发服务的系统。网关的范围可以从互联网应用程序如公共网关接口(CGI)到在两台主机间处理流量的防火墙网关。

2. 电路级网关

　　电路级网关用来监控受信任的客户或服务器与不受信任的主机间的 TCP 握手信息,这样来决定该会话是否合法。电路级网关是在 OSI 模型中会话层上来过滤数据包的,这样比包过滤防火墙要高两层。另外,电路级网关还提供一个重要的安全功能:网络地址转移(NAT)将所有公司内部的 IP 地址映射到一个"安全"的 IP 地址,这个地址是由防火墙使用的。有两种方法来实现这种类型的网关,一种是由一台主机充当筛选路由器而另一台充当应用级防火墙。另一种是在第一个防火墙主机和第二个之间建立安全的连接。这种结构的好处是当一次攻击发生时能提供容错功能。

3. 应用级网关

应用级网关可以工作在 OSI 7 层模型的任意一层上,能够检查进出的数据包,通过网关复制传递数据,防止在受信任服务器和客户机与不受信任的主机间直接建立联系。应用级网关能够理解应用层上的协议,能够做复杂一些的访问控制,并做精细的注册。通常是在特殊的服务器上安装软件来实现的。

4. 包过滤

包过滤是处理网络上基于 packet-by-packet 流量的设备。包过滤设备允许或阻止包,典型的实施方法是通过标准的路由器。包过滤是几种不同防火墙的类型之一。

5. 代理服务器

代理服务器代表内部客户端与外部的服务器通信。代理服务器这个术语通常是指一个应用级的网关,虽然电路级网关也可作为代理服务器的一种。

6. 网络地址转换

网络地址转换(Network Address Translation,NAT)是对 Internet 隐藏内部地址,防止内部地址公开。这一功能可以克服 IP 寻址方式的诸多限制,完善内部寻址模式。把未注册 IP 地址映射成合法地址,就可以对 Internet 进行访问了。NAT 的另一个名字是 IP 地址隐藏。

RFC1918 概述了地址并且 IANA(国际互联网代理成员管理局)建议使用内部地址机制,以下地址作为保留地址。

A 类:10.0.0.0~10.255.255.255

B 类:172.16.0.0~172.31.255.255

C 类:192.168.0.0~192.168.255.255

如果选择上述例表中的网络地址,不需要向任何互联网授权机构注册即可使用。使用这些网络地址的一个好处就是在互联网上永远不会被路由。互联网上所有的路由器发现源或目标地址含有这些私有网络 ID 时都会自动地丢弃。

7. 堡垒主机

堡垒主机是一种被强化的可以防御进攻的计算机,被暴露于因特网之上,作为进入内部网络的一个检查点,以达到把整个网络的安全问题集中在某个主机上解决,从而省时省力,不用考虑其他主机的安全的目的。从堡垒主机的定义可以看到,堡垒主机是网络中最容易受到侵害的主机,所以堡垒主机也必须是自身保护最完善的主机。可以使用单宿主堡垒主机。多数情况下,一个堡垒主机使用两块网卡,每个网卡连接不同的网络。一块网卡连接公司的内部网络用来管理、控制和保护,而另一块连接另一个网络,通常是公网也就是 Internet。堡垒主机经常配置网关服务。网关服务是一个进程来提供对从公网到私有网络的特殊协议路由,反之亦然。在一个应用级的网关里,想使用的每一个应用程协议都需要一个进程。因此,想通过一台堡垒主机来路由 E-mail、Web 和 FTP 服务时,必须为每一个服务都提供一个守护进程。

8. 强化操作系统

防火墙要求尽可能只配置必需的少量的服务。为了加强操作系统的稳固性,防火墙安装程序要禁止或删除所有不需要的服务。多数的防火墙产品,包括 Axent Raptor(www.
axent.com),CheckPoint(www.checkpoint.com)和 Network Associates Gauntlet(www.
networkassociates.com)都可以在目前较流行的操作系统上运行。如 Axent Raptor 防火墙
就可以安装在 Windows NT Server 4.0、Solaris 及 HP-UX 操作系统上。理论上来讲,让操
作系统只提供最基本的功能,可以使利用系统 Bug 来攻击的方法非常困难。最后,当加强
系统时,还要考虑到除了 TCP/IP 协议外不要把任何协议绑定到外部网卡上。

9. 非军事化区域

非军事化区域(Demilitarized Zone,DMZ)是一个小型网络,存在于公司的内部网络和
外部网络之间。这个网络由筛选路由器建立,有时是一个阻塞路由器。DMZ 用来作为一个
额外的缓冲区以进一步隔离公网和内部私有网络。DMZ 另一个名字叫作 Service
Network,因为它非常方便。这种实施的缺点是存在于 DMZ 区域的任何服务器都不会得到
防火墙的完全保护。

10. 筛选路由器

筛选路由器的另一个术语就是包过滤路由器,并且至少有一个接口是连向公网的,如
Internet。它对进出内部网络的所有信息进行分析,并按照一定的安全策略——信息过滤规
则对进出内部网络的信息进行限制,允许授权信息通过,拒绝非授权信息通过。信息过滤规
则是以其所收到的数据包头信息为基础的。采用这种技术的防火墙优点在于速度快、实现
方便,但安全性能差,且由于不同操作系统环境下 TCP 和 UDP 端口号所代表的应用服务协
议类型有所不同,故兼容性差。

11. 阻塞路由器

阻塞路由器(也叫内部路由器)保护内部的网络使之免受 Internet 和周边网的侵犯。内
部路由器为用户的防火墙执行大部分的数据包过滤工作。它允许从内部网络到 Internet 的
有选择的出站服务。这些服务是用户的站点能使用数据包过滤而不是代理服务安全支持和
安全提供的服务。内部路由器所允许的在堡垒主机(在周边网上)和用户的内部网之间服务
可以不同于内部路由器所允许的在 Internet 和用户的内部网之间的服务。限制堡垒主机和
内部网之间服务的理由是减少由此而导致的受到来自堡垒主机侵袭的机器的数量。

12. 防火墙默认的配置

默认情况下,防火墙可以配置成以下两种情况。

拒绝所有的流量,这需要在网络中特殊指定能够进入和出去的流量的一些类型。

允许所有的流量,这种情况需要特殊指定要拒绝的流量的类型。

大多数防火墙默认都是拒绝所有的流量作为安全选项。一旦安装防火墙后,需要打开
一些必要的端口来使防火墙内的用户在通过验证之后可以访问系统。换句话说,如果想让
员工们能够发送和接收 E-mail,必须在防火墙上设置相应的规则或开启允许 POP3 和
SMTP 的进程。

13. 防火墙的一些高级特性

多数的防火墙系统组合包过滤,电路级网关和应用级网关的功能。它们检查单独的数
据包或整个信息包,然后利用事先制定的规则来强制安全策略。只有那些可接受的数据包

才能进出整个网络。当实施一个防火墙策略时,这三种防火墙类型可能都需要。更高级的防火墙提供额外的功能可以增强网络的安全性。尽管不是必需,每个防火墙都应该实施日志记录,哪怕是一些最基本的。

14. 认证

防火墙是一个合理的放置提供认证方法来避开特定的 IP 包。可以要求一个防火墙令牌(Firewall Token),或反向查询一个 IP 地址。反向查询可以检查用户是否真正地来自它所报告的源位置。这种技术有效地反击 IP 欺骗的攻击。防火墙还允许终端用户认证。应用级网关或代理服务器可以工作在 TCP/IP 协议 4 层的每一层上。多数的代理服务器提供完整的用户账号数据库,结合使用这些用户账号数据库和代理服务器自定义的选项来进行认证。代理服务器还可以利用这些账号数据库来提供更详细的日志。

15. 日志和警报

包过滤或筛选路由器一般在默认情况下为了不降低性能是不进行日志记录的。永远不要认为防火墙会自动地对所有活动创建日志。筛选路由器只能记录一些最基本的信息,而电路级网关也只能记录相同的信息,但除此之外还包括任何 NAT 解释信息。因为要在防火墙上创建一个阻塞点,潜在的黑客必须要先穿过它。如果放置全面记录日志的设备并在防火墙本身实现这种技术,那么有可能捕获到所有用户的活动包括那些黑客。可以确切地知道黑客在做些什么并得到这些活动信息并审计。一些防火墙允许预先配置对不期望的活动做任何响应。防火墙两种最普通的活动是中断 TCP/IP 连接或自动发出警告。相关的警报机制包括可见的和可听到的警告。

2.2.2　常用防火墙技术

防火墙通常使用的安全控制手段主要有包过滤、状态检测、代理服务。下面介绍这些手段的工作机理及特点。

包过滤技术是一种简单、有效的安全控制技术,它通过在网络间相互连接的设备上加载允许、禁止来自某些特定的源地址、目的地址、TCP 端口号等规则,对通过设备的数据包进行检查,限制数据包进出内部网络。包过滤的最大优点是对用户透明,传输性能高。但由于安全控制层次在网络层、传输层,安全控制的力度也只限于源地址、目的地址和端口号,因而只能进行较为初步的安全控制,对于恶意的拥塞攻击、内存覆盖攻击或病毒等高层次的攻击手段,则无能为力。

状态检测是比包过滤更为有效的安全控制方法。对新建的应用连接,状态检测检查预先设置的安全规则,允许符合规则的连接通过,并在内存中记录下该连接的相关信息,生成状态表。对该连接的后续数据包,只要符合状态表,就可以通过。这种方式的好处在于:由于不需要对每个数据包进行规则检查,而是一个连接的后续数据包(通常是大量的数据包)通过散列算法,直接进行状态检查,从而使得性能得到了较大提高;而且,由于状态表是动态的,因而可以有选择地、动态地开通 1024 号以上的端口,使得安全性得到进一步的提高。

1. 包过滤防火墙

包过滤防火墙一般在路由器上实现,用以过滤用户定义的内容,如 IP 地址。包过滤防火墙的工作原理是:系统在网络层检查数据包,与应用层无关。这样系统就具有很好的传输性能,可扩展能力强。但是,包过滤防火墙的安全性有一定的缺陷,因为系统对应用层信息无感知,也就是说,防火墙不理解通信的内容,所以可能被黑客所攻破,如图 2-1 所示。

图 2-1　包过滤防火墙工作原理

2. 应用网关防火墙

应用网关防火墙检查所有应用层的信息包,并将检查的内容信息放入决策过程,从而提高网络的安全性。然而,应用网关防火墙是通过打破客户/服务器模式实现的。每个客户/服务器通信需要两个连接:一个是从客户端到防火墙,另一个是从防火墙到服务器。另外,每个代理需要一个不同的应用进程,或一个后台运行的服务程序,对每个新的应用必须添加针对此应用的服务程序,否则不能使用该服务。所以,应用网关防火墙具有可伸缩性差的缺点。应用网关防火墙的工作原理如图 2-2 所示。

图 2-2　应用网关防火墙工作原理

3. 状态检测防火墙

状态检测防火墙基本保持了简单包过滤防火墙的优点,性能比较好,同时对应用是透明的,在此基础上,对于安全性有了大幅提升。这种防火墙摒弃了简单包过滤防火墙仅考察进出网络的数据包、不关心数据包状态的缺点,在防火墙的核心部分建立状态连接表,维护了连接,将进出网络的数据当成一个个的事件来处理。可以这样说,状态检测包过滤防火墙规范了网络层和传输层行为,而应用代理型防火墙则是规范了特定的应用协议上的行为。状态检测防火墙的工作原理如图 2-3 所示。

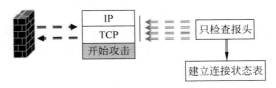

图 2-3　状态检测防火墙工作原理

4. 复合型防火墙

复合型防火墙是指综合了状态检测与透明代理的新一代的防火墙,进一步基于 ASIC架构,把防病毒、内容过滤整合到防火墙里,其中还包括 VPN、IDS 功能,多单元融为一体,是一种新突破。常规的防火墙并不能防止隐蔽在网络流量里的攻击,在网络界面对应用层扫描,把防病毒、内容过滤与防火墙结合起来,这体现了网络与信息安全的新思路。它在网络边界实施 OSI 第 7 层的内容扫描,实现了实时在网络边缘部署病毒防护、内容过滤等应用层服务措施。复合型防火墙工作原理如图 2-4 所示。

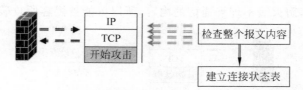

图 2-4　复合型防火墙工作原理

5.　4 类防火墙的对比

（1）包过滤防火墙：不检查数据区，不建立连接状态表，前后报文无关，应用层控制很弱。

（2）应用网关防火墙：不检查 IP、TCP 报头，不建立连接状态表，网络层保护比较弱。

（3）状态检测防火墙：不检查数据区，建立连接状态表，前后报文相关，应用层控制很弱。

（4）复合型防火墙：可以检查整个数据包内容，根据需要建立连接状态表，网络层保护强，应用层控制细，会话控制较弱。

2.3　建立防火墙

在准备和建立一个防火墙设备时要高度重视。以前，堡垒主机这个术语是指所有直接连入公网的设备。现在，它经常涉及防火墙设备。堡垒主机可以是三种防火墙中的任一种类型：包过滤、电路级网关、应用级网关。

当建设堡垒主机时要特别小心。堡垒主机的定义就是可公共访问的设备。当 Internet 用户企图访问网络上的资源时，首先进入的机器就是堡垒主机。因为堡垒主机是直接连接到 Internet 上的，其上面的所有信息都暴露在公网之上。这种高调的暴露规定了硬件和软件的配置。堡垒主机就好像是在军事基地上的警卫一样。警卫必须检查每个人的身份来确定他们是否可以进入基地及可以访问基地中的什么地方，警卫还要时刻准备好强制阻止进入。同样地，堡垒主机必须检查所有进入的流量并强制执行在安全策略里所指定的规则。它们还必须准备好对付从外部来的攻击和可能来自内部的资源。堡垒主机还有日志记录及警报的特性来阻止攻击。有时检测到一个威胁也会采取行动。

1.　建立设计规则

当构造防火墙设备时，经常要遵循下面两个主要的概念。

第一，保持设计的简单性。

第二，要计划好一旦防火墙被渗透应该怎么办。

1）保持设计的简单性

一个黑客渗透系统最常见的方法就是利用安装在堡垒主机上不注意的组件。建立堡垒主机时要尽可能使用较小的组件，无论硬件还是软件。堡垒主机的建立只需提供防火墙功能。在防火墙主机上不要安装像 Web 服务的应用程序服务，要删除堡垒主机上所有不必需的服务或守护进程。在堡垒主机上运行少量的服务给潜在的黑客很少的机会穿过防火墙。

2）安排事故计划

如果已设计好防火墙性能，只有通过防火墙才能允许公共访问网络。当设计防火墙时安全管理员要对防火墙主机崩溃或危及的情况做出计划。如果仅仅是用一个防火墙设备把内部网络和公网隔离开，那么黑客渗透进防火墙后就会对内部的网络有着完全访问的权限。为了防止这种渗透，要设计几种不同级别的防火墙设备。不要依赖一个单独的防火墙保护独立的网络。如果安全受到损害，那安全策略要确定该做些什么。要采取哪些特殊的步骤，还应包括：

（1）创建同样的软件备份。

（2）配置同样的系统并存储到安全的地方。

（3）确保所有需要安装到防火墙上的软件都容易备份，这包括要有恢复磁盘。

2．堡垒主机的类型

当创建堡垒主机时，要记住它是在防火墙策略中起作用的。识别堡垒主机的任务可以帮助决定需要什么和如何配置这些设备。下面将讨论三种常见的堡垒主机类型。这些类型不是单独存在的，且多数防火墙都属于这三类中的一种。

1）单宿主堡垒主机

单宿主堡垒主机是有一块网卡的防火墙设备。单宿主堡垒主机通常是用于应用级网关防火墙。外部路由器配置把所有进来的数据发送到堡垒主机上，并且所有内部客户端配置成所有出去的数据都发送到这台堡垒主机上，然后堡垒主机以安全方针作为依据检验这些数据。这种类型的防火墙主要的缺点就是可以重配置路由器使信息直接进入内部网络，而完全绕过堡垒主机。还有，用户可以重新配置他们的机器绕过堡垒主机把信息直接发送到路由器上。

2）双宿主堡垒主机

双宿主堡垒主机结构是围绕着至少具有两块网卡的双宿主主机而构成的。双宿主主机内外的网络均可与双宿主主机实施通信，但内外网络之间不可直接通信，内外部网络之间的数据流被双宿主主机完全切断。

双宿主主机可以通过代理或让用户直接注册到其上来提供很高程度的网络控制。它采用主机取代路由器执行安全控制功能，故类似于包过滤防火墙。双宿主主机即一台配有多个网络接口的主机，它可以用来在内部网络和外部网络之间进行寻址。当一个黑客想要访问内部设备时，他必须先要攻破双宿主堡垒主机，这有希望让用户有足够的时间阻止这种安全侵入和做出反应。

3）单目的堡垒主机

单目的堡垒主机既可以是单堡垒也可以是多堡垒主机。根据公司的改变，经常需要新的应用程序和技术。很多时候这些新的技术不能被测试并成为主要的安全突破口。要为这些需要创建特定的堡垒主机。在上面安装未测试过的应用程序和服务不要危及防火墙设备。使用单目的堡垒主机允许强制执行更严格的安全机制。

举个例子，公司可能决定实施一个新类型的流程序，假设公司的安全策略需要所有进出的流量都要通过一个代理服务器送出，要为这个表的流程序单独地创建一个新代理服务器。在这个新的代理服务器上，要实施用户认证和拒绝 IP 地址。使用这个单独的代理服务器，不要危害到当前的安全配置并且可以实施更严格的安全机制如认证。

4）内部堡垒主机

内部堡垒主机是标准的单堡垒或多堡垒主机，存在于公司的内部网络中。它们一般用作应用级网关，接收所有从外部堡垒主机进来的流量。当外部防火墙设备受到损害时，提供额外的安全级别。所有内部网络设备都要配置成通过内部堡垒主机通信，这样当外部堡垒主机受到损害时不会造成影响。

四种常见的防火墙设计都提供一个确定的安全级别，一个简单的规则是越敏感的数据就要采取越广泛的防火墙策略，这四种防火墙的实施都是建立一个过滤的矩阵和能够执行和保护信息的点。

这四种选择是：筛选路由器、单宿主堡垒主机、双宿主堡垒主机、屏蔽子网。

筛选路由器的选择是最简单的，因此也是最常见的，大多数公司至少使用一个筛选路由器作为解决方案，因为所有需要的硬件已经投入使用。用于创建筛选主机防火墙的两个选择是单宿主堡垒主机和双宿主堡垒主机。不管是电路级还是应用级网关的配置都要求所有的流量通过堡垒主机。最后一个常用的方法是筛选子网防火墙，利用额外的包过滤路由器来达到另一个安全的级别。

防火墙就是一种过滤塞，可以让喜欢的东西通过这个塞子，别的东西都统统过滤掉。在网络的世界里，要由防火墙过滤的就是承载通信数据的通信包。

最简单的防火墙是以太网桥，大多数防火墙采用的技术和标准可谓种类繁多。这些防火墙的形式多种多样。有的取代系统上已经装备的 TCP/IP 协议栈，有的在已有的协议栈上建立自己的软件模块，有的干脆就是独立的一套操作系统。还有一些应用型的防火墙只对特定类型的网络连接提供保护（例如 SMTP 或者 HTTP 等）。还有一些基于硬件的防火墙产品其实应该归入安全路由器一类。以上的产品都可以叫作防火墙，因为它们的工作方式都是一样的：分析出入防火墙的数据包，决定放行还是把它们扔掉。

2.4　高端防火墙未来发展趋势

1. 高性能的防火墙需求

高性能防火墙是未来发展的趋势，突破高性能的极限就是对防火墙硬件结构的调整。而对于高端防火墙的技术实现，现今主要分为三种方式：基于通用处理器的工控机架构、基于 NP 技术、基于 ASIC 芯片技术。工控机架构最大的优点是灵活性，但在大数据流量的网络环境中处理效率会受影响，所以在高性能这一方面，将面临淘汰和走进低端产品市场的趋势。NP 技术是近年来的一个技术突破点，其优势在于网络底层数据的转发和处理，但如果要实现安全策略的控制和审核，特别是对于应用层的深度控制方面还需要大量的研发工作，相对于接口方面的开发难度，已经局限了它更深层次的发展。ASIC 技术虽然开发难度大，但却能够保障系统的效率并很好地集成防火墙的功能，在今后网络安全防护的路途上，防火墙采用 ASIC 芯片技术将要成为主流。

2. 管理接口和 SOC 的整合

如果把信息安全技术看作一个整体行为，那么面对防火墙未来的发展趋势，管理接口和

SOC 整合也必须考虑在内,毕竟安全是一个整体,而不是靠单一产品所能解决的。随着安全管理和安全运营工作的推行,SOC 作为一种安全管理的解决方案已经得到大力推广。安全管理是为了更有效地把安全风险控制在可控的范围内,从而进行降低和避免信息安全事件的发生。而防火墙作为一种安全访问控制机制产品,要想在安全管理中起到有效的作用,必须考虑与 SOC 的整合问题,这就涉及各个厂家对防火墙技术开发过程中的通用性和合作问题。

3. 抗 DoS 能力

俗话说:道高一尺,魔高一丈。从近年来网络恶性攻击事件情况分析来看,解决 DoS 攻击也是防火墙必须要考虑的问题。作为网络的边界设备,一旦发生争用带宽和大流量攻击事件后,往往最先失去抵抗能力的就是防火墙。而提高防火墙抗击 DoS 能力的技术问题,也在缠绕着广大防火墙厂商。在新型技术不断更新的今天,各个厂家已经把矛头指向了解决 DoS 问题。利用 ASIC 芯片架构的防火墙,可以利用自身处理网络流量速度快的能力,来解决存在于这个问题上的攻击事件。但是,解决这个问题并不是单单靠 ASIC 芯片架构就可以的,更多的还是面向对应用层攻击的问题,有待于新技术的出现。

4. 减慢蠕虫和垃圾邮件的传播速度的功能

网络的快速发展,已经成了病毒滋生的温床,而垃圾邮件的出现,更加扩大了网络安全威胁的风险。根据计算机安全厂商 MessageLabs 公司的报告,已经看到垃圾邮件和病毒制造者联手开发更加智能化的病毒走向趋势,并通过电子邮件进行病毒传播。作为网络边界的安全设备,未来防火墙发展趋势中,减缓和降低蠕虫病毒与垃圾邮件的传播速度,是必不可少的一部分。

对于防火墙来说,仅靠支持防病毒和防垃圾邮件功能还远远不够,即使能够进行有效的联动功能,那么这种情况下的防火墙产品和现今具备的情况来看,也只有高速处理能力的硬件,才能达到嵌入病毒引擎和处理垃圾邮件引擎,来完成真正意义上的安全防护解决方案。而仅靠支持和联动,那么这种情况下,自身不具备而需要第三方产品的话,并不能在真正意义上解决问题。加强防火墙在数据处理中的粒度和力度,已经成为未来防火墙在数据检测高粒度方面的发展趋势。

5. 对入侵行为的智能切断

安全是一个动态的过程,而对于入侵行为的预见和智能切断,作为边界安全设备防火墙来说,也是未来发展的一大课题。从 IPS 的出发角度考虑,未来防火墙必须具备这项功能,因为客户不可能为了仅仅一个边界安全而去花两份钱。那么,具备对入侵行为智能切断的一个整合型、多功能的防火墙,将是市场的需求。

6. 多端口并适合灵活配置

多端口的防火墙能为用户提供更好的安全解决方案,而多端口、灵活配置的防火墙,也是未来防火墙发展的趋势。

随着网络处理器和 ASIC 芯片技术的不断革新,高性能、多端口、高粒度控制、减缓病毒和垃圾邮件传播速度、对入侵行为智能切断,以及增强抗 DoS 攻击能力的防火墙,将是未来防火墙发展的趋势。

2.5　防火墙固有的安全与效率的矛盾

防火墙作为一种提供信息安全服务、实现网络和信息安全的基础设施,作为不同网络或网络安全域之间信息的出入口,根据企业的安全策略控制出入网络的信息流。再加上防火墙本身具有较强的抗攻击能力,能有效地监控内部网和 Internet 之间的任何活动,从而为内部网络的安全提供了有力的安全保证。

防火墙在为内部网络带来安全的同时,也产生了一定的反作用——降低网络运行效率。在传统防火墙的设计中,包过滤只是与规则表进行匹配,对符合规则的数据包进行处理,不符合规则的就丢弃。由于是基于规则的检查,同属于同一连接的不同包毫无任何联系,每个包都要依据规则顺序过滤。由于网络安全涉及领域很多,技术复杂,安全规则往往要达到数百甚至上千种。随着安全规则的增加,很多防火墙产品都会出现性能大幅度降低、网络资源衰竭等问题,从而造成网络拥塞。所以,安全与效率的两难选择成为传统防火墙面临的最大问题。此外,在这种设计中,入侵者可能会采用 IP Spoofing 的办法将自己的非法包伪装成属于某个合法的连接,进而侵入用户的内部网络系统。因此,传统的包过滤技术既缺乏效率又容易产生安全漏洞。

目前,具有自主核心技术的防火墙新品已产生,该产品就利用这一技术,将属于同一连接的所有包作为一个整体的数据流看待,通过规则表与连接状态表的共同配合,极大地提高了系统的传输效率和安全性,从而较好地解决了防火墙固有的安全与效率的矛盾问题。

与传统包过滤的无连接检测技术不同,基于连接状态的包过滤在进行包的检查时,不仅将其看成是独立的单元,同时还要考虑它的历史关联性。例如,在基于 TCP 的连接中,每个包在传输时都包括 IP 源地址、目的地址、协议的源接口和目的接口等信息,还包括对在允许的时间间隔内是否发生了 TCP 握手消息的监视信息等,这些信息与每个数据包都是有关联的。换句话说,对于属于同一个连接的数据包来说并不是孤立的,它们存在内部的关联信息。无连接的包过滤规则由于忽略了这些内在的关联信息,对每个数据包都进行孤立的规则检测,所以极大地降低了传输效率。

由于采用了基于连接的包过滤处理方法,该防火墙在进行规则检查的同时,可以将包的连接状态记录下来,该连接以后的包则无须再通过规则检查,而只需通过状态表里对该包所属的连接的记录来检查即可。如果有相应的状态标识,则说明该包属于已经建立的合法连接,可以接受。检查通过后该连接状态的记录将被刷新。这样就使具有相同连接状态的包避免了重复检查,同时由于规则表的排序是固定的,只能采用线性的方法进行搜索,而连接状态表内的记录是可以随意排列的,于是可采用诸如二叉树或 Hash 等算法进行快速搜索,这就提高了系统的传输效率。同时,采用实时的连接状态监控技术,可以在状态表中通过诸如 ACK(应答响应)、NO 等连接状态因素加以识别,阻止该包通过,增强了系统的安全性。

另外,对于基于 UDP 的应用来说,由于该协议本身对于顺序错误或丢失的包并不做纠缠或重传,所以很难用简单的包过滤技术对其进行处理。防火墙在对基于 UDP 的连接处理时,会为 UDP 建立虚拟连接,同样能够对连接过程状态进行监控,通过规则与连接状态的共同配合,达到包过滤的高效与安全。

小　　结

本章主要讲述了防火墙的原理和设置,了解防火墙在拒绝数据包的时候还做了哪些工作。例如,防火墙是否向连接发起系统发回了"主机不可到达"的 ICMP 消息,或者防火墙是否真的没有再做其他事,这些问题都可能存在安全隐患。

高性能防火墙是未来发展的趋势,突破高性能的极限就是对防火墙硬件结构的调整。而对于高端防火墙的技术实现,主要分为三种方式:基于通用处理器的工控机架构、基于 NP 技术、基于 ASIC 芯片技术。

防火墙作为一种提供信息安全服务、实现网络和信息安全的基础设施,作为不同网络或网络安全域之间信息的出入口,根据企业的安全策略控制出入网络的信息流。再加上防火墙本身具有较强的抗攻击能力,能有效地监控内部网和 Internet 之间的任何活动,从而为内部网络的安全提供了有力的保证。

第3章 操作系统自带防火墙配置及应用

3.1 Windows XP 操作系统自带防火墙

  防火墙是一套软件或硬件,可协助保护计算机,使其免于受到黑客和许多计算机病毒的攻击。因此,在将计算机连接上网络之前,应该先安装防火墙。如果使用的是 Windows XP 操作系统,就可以使用它自带的网络防火墙。

  值得注意的是,网络防火墙是利用封锁某些的潜在有害网络通信的方式运作,所以,它也会封锁一些有用的网络通信工作。例如,网络共享文件、打印机,即时通信之类的应用程序,或网络游戏等。但仍然建议使用防火墙,因为它有助于保护计算机的信息安全。

【实验目的】

通过对 Windows XP 自带防火墙的设置,掌握防火墙的功能和工作原理。

【实验步骤】

(1) 右击桌面上的"网上邻居",打开"网络连接"窗口,如图 3-1 所示。

图 3-1 "网络连接"窗口

(2) 右击"本地连接",单击"属性"命令,打开"本地连接属性"对话框,如图 3-2 所示。

(3) 打开"高级"选项卡,如图 3-3 所示。

(4) 单击"设置"按钮,打开"Windows 防火墙"对话框,如图 3-4 所示。

图 3-2　本地连接属性

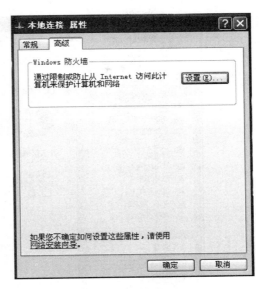

图 3-3　"高级"选项卡

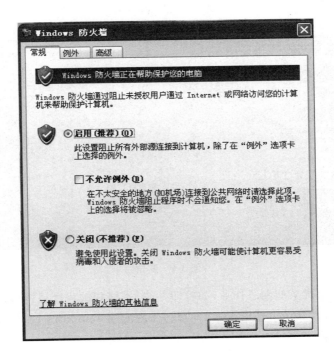

图 3-4　Windows 防火墙

（5）单击"启用（推荐）"，然后单击"确定"按钮。对话框关闭后，防火墙即开启，如图 3-5 所示。

【实验结果】

在另外一台计算机上 ping 本机，出现"Request timed out"表示 ping 不通本机，说明防火墙已经起作用了，如图 3-6 所示。

图 3-5　防火墙开启

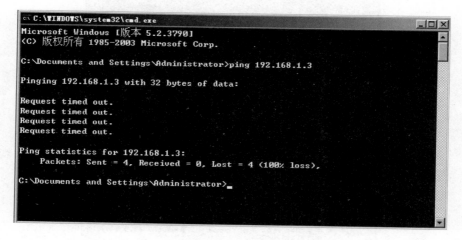

图 3-6　测试

　　防火墙可能会干扰某些网络作业,如打印共享、网络相关程序或网络游戏等。对于计算机安全而言,使用防火墙是第一道重要的防线,还应使用 Windows Update 和防毒软件来协助保护计算机的安全。

3.2　Windows 7 自带防火墙配置

【实验目的】

通过对 Windows 7 自带防火墙的设置,掌握防火墙的功能和工作原理。

【实验步骤】

右击"网络",选择"属性"命令,打开"网络和共享中心"窗口,如图 3-7 所示。

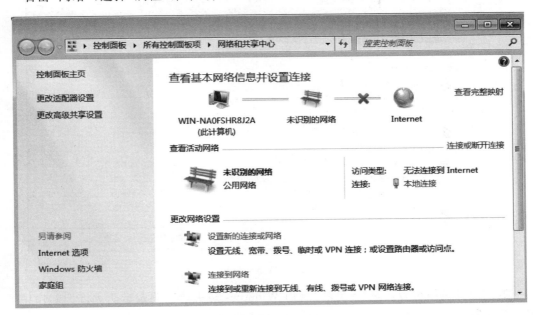

图 3-7　网络和共享中心

单击"Windows 防火墙",打开"Windows 防火墙"窗口,如图 3-8 所示。

图 3-8　Windows 7 防火墙

单击"打开或关闭 Windows 防火墙",进入"自定义设置",如图 3-9 所示。

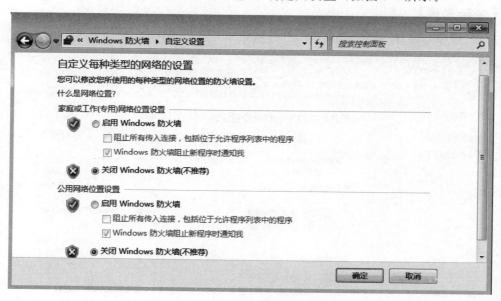

图 3-9　自定义设置

选择"公共网络位置设置"下方的"启用 Windows 防火墙",确定后防火墙即起作用了,如图 3-10 所示。

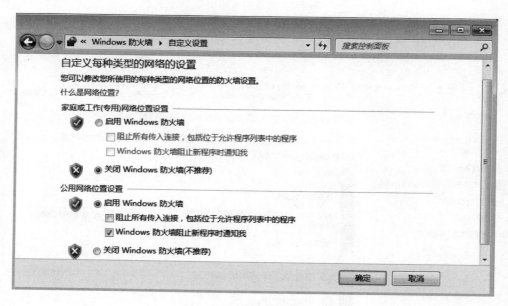

图 3-10　启用 Windows 防火墙

【实验结果】

在另外一台计算机上 ping 本机,出现"Request timed out"表示 ping 不通本机,说明防火墙已经起作用了,如图 3-11 所示。

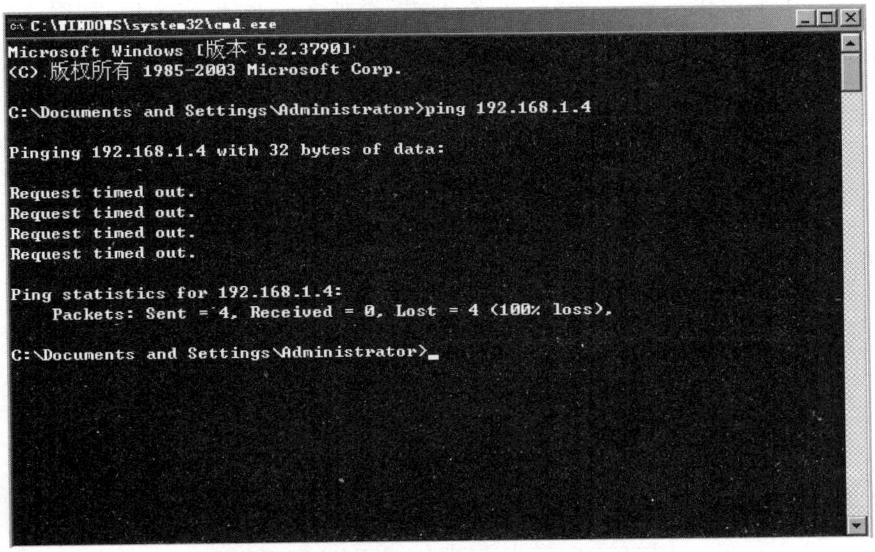

图 3-11　测试

3.3　Windows Server 2003 自带防火墙配置

3.3.1　防火墙的开启

【实验目的】

通过对 Windows Server 2003 自带防火墙的设置,掌握防火墙的原理。

【实验步骤】

(1) 右击"网上邻居",选择"属性"命令,打开"网络连接"窗口,如图 3-12 所示。

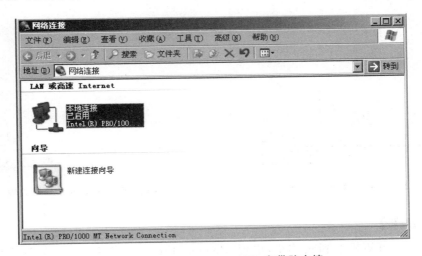

图 3-12　Windows Server 2003 自带防火墙

（2）右击"本地连接"，单击"属性"命令，打开"本地连接属性"对话框，如图 3-13 所示。

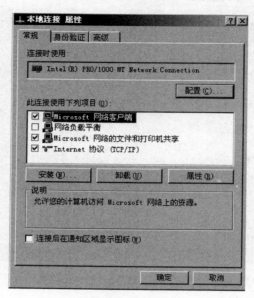

图 3-13　本地连接属性

（3）打开"高级"选项卡，如图 3-14 所示。

（4）选中"Internet 连接防火墙"，确定后防火墙即起作用了，如图 3-15 所示。

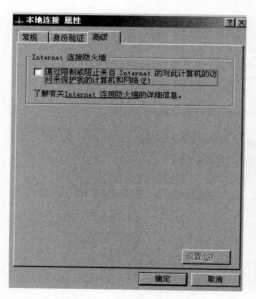

图 3-14　"高级"选项卡

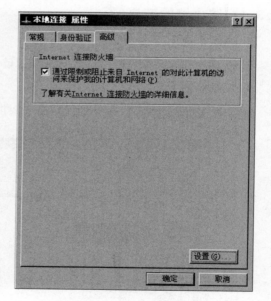

图 3-15　Internet 连接防火墙

【实验结果】

在另外一台计算机上 ping 本机，出现"Request timed out"表示 ping 不通本机，说明防火墙已经起作用了。如图 3-16 所示。

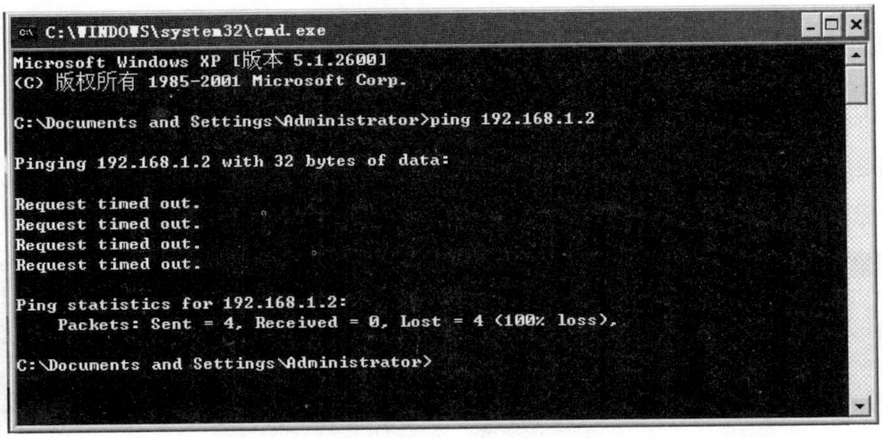

C:\WINDOWS\system32\cmd.exe
Microsoft Windows XP [版本 5.1.2600]
(C) 版权所有 1985-2001 Microsoft Corp.
C:\Documents and Settings\Administrator>ping 192.168.1.2
Pinging 192.168.1.2 with 32 bytes of data:
Request timed out.
Request timed out.
Request timed out.
Request timed out.
Ping statistics for 192.168.1.2:
Packets: Sent = 4, Received = 0, Lost = 4 (100% loss),
C:\Documents and Settings\Administrator>

图 3-16　实验测试

3.3.2　防火墙的高级设置

【实验目的】

通过对 Windows Server 2003 防火墙的高级设置，掌握防火墙针对网络高级模块的相关工作原理。

【实验步骤】

(1) 单击图 3-17 中的“设置”按钮，可进行高级设置。

(2) 选择要开通的服务。

如图 3-18 所示，如果本机要开通相应的服务可选中该服务，本例选中了“FTP 服务器”，这样从其他机器就可 FTP 到本机，扫描本机可以发现 21 端口是开放的。可以单击“添加”按钮增加相应的服务端口。

本地连接 属性
常规
身份验证
高级
Internet 连接防火墙
通过限制或阻止来自 Internet 的对此计算机的访问来保护我的计算机和网络(P)
了解有关Internet 连接防火墙的详细信息。
设置(G)...
确定
取消

图 3-17　高级设置

高级设置
服务
安全日志
ICMP
选择 Internet 用户可以访问的运行于您的网络上的服务(S)。
服务:
FTP 服务器
Internet 邮件访问协议版本 3 (IMAP3)
Internet 邮件访问协议版本 4 (IMAP4)
Internet 邮件服务器(SMTP)
Telnet 服务器
Web 服务器(HTTP)
安全 Web 服务器(HTTPS)
邮局协议版本 3 (POP3)
远程桌面
添加(D)...
编辑(T)...
删除(E)
确定
取消

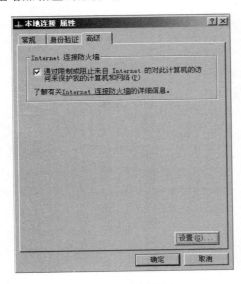

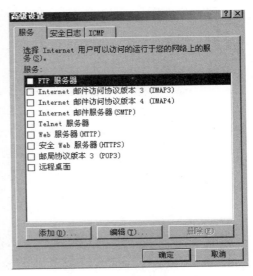

图 3-18　高级设置中的服务设置

（3）设置日志。

如图 3-19 所示，选择要记录的项目，防火墙将记录相应的数据，日志默认在 c:\windows\pfirewall.log，用记事本就可以打开查看。

（4）设置 ICMP（Internet Control Message Protocol，Internet 控制报文协议）。

如图 3-20 所示，最常用的 ping 就是用的 ICMP，默认设置完后 ping 不通本机就是因为屏蔽了 ICMP，如果想 ping 通本机只需将"允许传入响应请求"一项选中即可。

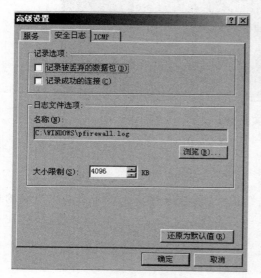

图 3-19　安全日志

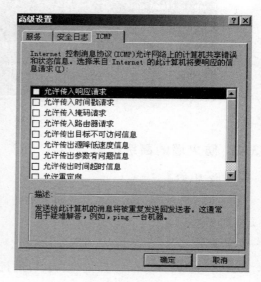

图 3-20　ICMP

第4章　常用著名防火墙

4.1　瑞星个人防火墙

4.1.1　应用环境及语言支持

【实验目的】

在瑞星杀毒软件中除了杀毒软件外,还有瑞星个人防火墙软件。瑞星个人防火墙为计算机提供全面的保护,有效地监控任何网络连接。通过过滤不可靠的服务,防火墙可以极大地提高网络安全,同时减小主机被攻击的风险,使系统具有抵抗外来非法入侵的能力,防止计算机和数据遭到破坏。

【实验环境】

1. 软件环境

Windows 操作系统:WindowsXP 等。

2. 硬件环境

CPU:PIII 500 MHz 以上

内存:64MB 以上

显卡:标准 VGA,24 位真彩色

其他:光驱、鼠标

3. 语言环境

支持简体中文、繁体中文、英语和日语 4 种语言,其中英语可以在所有语言 Windows 平台上工作。

4.1.2　安装瑞星个人防火墙

【实验步骤】

(1) 启动计算机并进入中文 Windows(2000/XP/2003)系统。

(2) 有以下两种启动安装程序的方式。

① 从光盘安装:将瑞星杀毒软件光盘放入光驱,系统会自动显示安装界面,选择"安装瑞星个人防火墙"选项。

② 从下载的安装包安装:运行 Rfw.exe,则开始运行瑞星安装程序。

(3) 安装程序弹出语言选择框,选择需要安装的语言版本(如图 4-1 所示),单击"确定"按钮进入安装程序欢迎界面(如图 4-2 所示)。

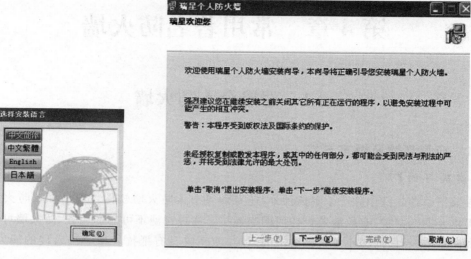

图 4-1　语言选择　　　　　　　　图 4-2　欢迎界面

（4）阅读"最终用户许可协议"，选中"我接受"单选按钮，单击"下一步"按钮继续安装；如果不接受协议，选中"我不接受"单选按钮退出安装程序（如图 4-3 所示）。

（5）选择安装方式，默认安装可以安装默认的目录和组件，定制安装可以选择组件并将其安装在合适的目录下。

（6）在"安装信息"窗口中（如图 4-4 所示），显示了安装路径和所选程序组件等信息，确认后单击"下一步"按钮开始复制文件；如果选中"安装之前执行内存病毒扫描"复选框，在"瑞星内存病毒扫描"窗口中程序将进行系统内存扫描。根据当前系统内存占用情况，此过程可能要占用 3～5 分钟；如果需要跳过此功能，请单击"跳过"按钮继续安装（如图 4-5 所示）。

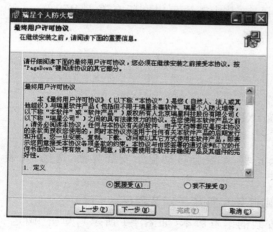

图 4-3　用户许可协议

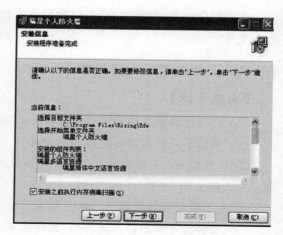

图 4-4　安装信息

（7）安装结束,提示是否启动瑞星个人防火墙(如图 4-6 所示)。

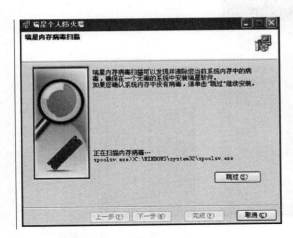 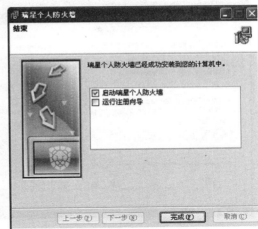

图 4-5　扫描内存　　　　　　　　　　图 4-6　完成安装

4.1.3　启动瑞星个人防火墙

启动瑞星个人防火墙软件主程序有以下两种方法。

（1）选择"开始"→"所有程序"→"瑞星个人防火墙"→"瑞星个人防火墙"(如图 4-7 所示)。

图 4-7　"开始"菜单启动瑞星个人防火墙

（2）双击桌面上的"瑞星个人防火墙"快捷图标,即可启动。

4.1.4　界面及菜单说明

瑞星个人防火墙主界面包括"操作"、"设置"和"帮助"等选项,此外,还有方便快捷的操作按钮(如图 4-8 所示)。

菜单栏:用于进行菜单操作的窗口,包括"操作"、"设置"和"帮助"三个菜单。

设置标签:"工作状态"、"系统状态"、"启动选项"、"密码保护"、"漏洞扫描"、"安全资讯"。通过单击标签,列表将显示具体的设定记录或程序列表。

操作按钮:"停止保护"/"启动保护"、"断开网络"/"连接网络"、"智能升级"、"查看日志"。

工作状态:在此状态栏中显示了当前防火墙的状态和参数。

网络状态显示:接收、发送数据的具体数值。

1. "操作"菜单

"操作"菜单如图 4-9 所示。

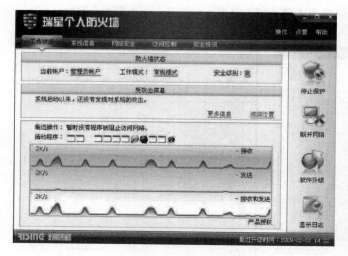

图 4-8　瑞星个人防火墙主界面　　　　　　　　　　　图 4-9　"操作"菜单

（1）"停止保护"：停止防火墙的保护功能，执行此功能后，计算机将不再受瑞星防火墙的保护。功能同主界面的"停止保护"按钮相同。防火墙已处于停止保护状态时，此项将变为"启用保护"，选择该选项将重新启用防火墙的保护功能。

（2）"断开网络"：将计算机完全与网络断开，就如同拔掉网线或是关掉网卡功能一样。其他人都不能访问计算机，但是也不能再访问网络。

（3）"切换工作模式"：有三种工作模式：交易模式、静默模式和常规模式。不同的工作模式用来确定访问规则中没有规定动作的程序在访问网络时如何处理，可在设置中详细设定每种模式的规则。

三种模式的默认访问规则如下。

① 交易模式：访问规则中没有时，默认禁止访问网络。

② 静默模式：访问规则中没有时，默认禁止访问网络，不做任何提示。

③ 常规模式：访问规则中没有时，默认询问用户。

也可以在防火墙托盘图标的右键菜单中切换工作模式。

（4）"显示日志"：启动日志显示程序，功能与主界面的"显示日志"按钮相同。

（5）"扫描木马病毒"：启动扫描木马程序。启动后将会出现正在扫描木马病毒的显示窗口，扫描后会出现扫描结果的气泡提示。

（6）"智能升级"：启动智能升级程序对防火墙进行升级更新，功能与主界面中的"智能升级"按钮相同。

（7）"退出"：退出防火墙配置程序，注意此处只是退出配置界面，并不关闭防火墙的保护功能。

2. "设置"菜单

"设置"菜单如图 4-10 所示。

（1）"详细设置"：打开防火墙的详细设置界面，可以根据自身需要对各个项目进行详细设置。

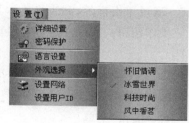

图 4-10　"设置"菜单

（2）"密码保护"：扫描个人防火墙中可识别的网络游戏,若已安装将自动添加到密码保护规则中。

（3）"设置网络"：设置智能升级的网络连接信息。

（4）"设置用户 ID"：设置智能升级的用户 ID 信息。

4.1.5　操作与使用

1. 安全级别设置

打开防火墙主程序,拖动主界面右下角的安全级别滑块到对应位置（如图 4-11 所示）。

关于安全级别的定义及规则如下。

（1）普通：系统在信任的网络中,除非规则禁止的,否则全部放过。

图 4-11　安全级别

（2）中级：系统在局域网中,默认允许共享,但是禁止一些较危险的端口。

（3）高级：系统直接连接 Internet,除非规则放行,否则全部拦截。

2. 普通设置

打开防火墙主程序,选择"设置"→"详细设置"打开对话框（如图 4-12 所示）。

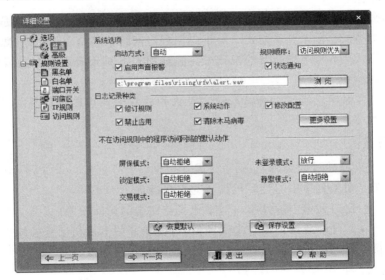

图 4-12　详细设置

1）规则顺序

可选择访问规则优先或 IP 规则优先。当访问规则和 IP 规则有冲突的时候,防火墙将依照此规则顺序执行。例如,应用规则规定 IE 程序可以访问网络,IP 规则规定不允许访问瑞星网站,如果选择应用规则优先,则可以访问瑞星网站；如果选择 IP 规则优先,由于 IP 规则不允许访问瑞星网站,即使应用规则允许 IE 访问网络,也无法访问瑞星网站。

2）日志记录种类

指定哪些类型的事件记录在日志中,分别为"清除木马病毒"、"系统动作"、"修改配置"、

"禁止应用"、"修订规则",复选框中打勾表示选中。单击"更多设置"按钮可进入日志详细选项的设置。

（1）日志文件大小：设定日志文件大小，默认为 5MB。

（2）每页显示记录：设定查看日志时每页显示记录数量，默认为 500。

（3）日志文件满后自动备份：默认选中。

（4）备份文件总大小：设定备份文件的总大小，默认为 100MB。

（5）备份文件路径：备份文件存放的位置，单击"浏览"按钮可进行修改。

3）不在访问规则中的程序访问网络的默认动作

"不在访问规则中的程序访问网络的默认动作"选项区域中有以下三种默认动作。

（1）自动拒绝：不提示用户，自动拒绝应用程序对网络的访问请求。

（2）自动放行：不提示用户，自动放行应用程序对网络的访问请求。

（3）询问用户：提示用户，由用户选择是否允许放行。

6 种模式，防火墙根据不同模式、不同计算机状态执行不同规则。

（1）屏保模式：在屏保模式下对于应用程序网络访问请求的策略，默认是自动拒绝。

（2）锁定模式：在屏幕锁定状态下对于应用程序网络访问请求的策略，默认是自动拒绝。

（3）密码保护模式：在进入密码保护指定的程序之后对于应用程序网络访问请求的策略，默认是自动拒绝。

（4）交易模式：在交易模式下对于应用程序网络访问请求的策略，默认是自动拒绝。

（5）未登录模式：在未登录模式下对于应用程序网络访问请求的策略，默认是放行。

（6）静默模式：不与用户交互的模式。在静默模式下对于应用程序网络访问请求的策略，默认是自动拒绝。

6 种模式中屏保模式、未登录模式、锁定模式和游戏模式可根据计算机状态自动切换，其他几种模式为手工切换。

3. 规则设置

用于配置防火墙的过滤规则，包括以下几个方面。

（1）黑名单：在黑名单中的计算机禁止与本机通信。

（2）白名单：在白名单中的计算机对本地具有完全的访问权限。

（3）端口开关：允许或禁止端口中的通信，可简单开关本机与远程的端口。

（4）可信区：通过可信区的设置，可以把局域网和互联网区分对待。

（5）IP 规则：在 IP 层过滤的规则。

（6）访问规则：本机中访问网络的程序的过滤规则。

1）端口开关

可以允许或禁止端口中的通信，可简单开关本机与远程的端口。列表中显示当前端口规则中每一项的端口、动作、协议、计算机。对应的复选框被选中的项表示生效（如图 4-13 所示）。

（1）增加规则：单击"增加规则"按钮或在右键

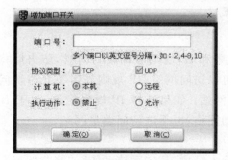

图 4-13 增加规则

快捷菜单中选择"增加规则"命令,将弹出"增加端口开关"对话框。

(2) 编辑规则:选中待修改的规则,规则加亮显示,在右键快捷菜单中选择"编辑规则"命令,打开"编辑端口开关"对话框。修改对应项目,单击"确定"按钮完成修改,或单击"取消"按钮放弃此次修改。

(3) 删除规则:选中待删除的规则,规则加亮显示,单击"删除规则"按钮或在右键快捷菜单中选择"删除规则"命令。

2) 协议设置

(1) 协议类型:协议分为 ALL、TCP、UDP、TCP/UDP、ICMP、IGMP、ESP、AH、GRE、RDP、SKIP 共 11 种。选择不同的协议类型会影响其他的选项。

(2) 端口:分别设置对方端口与本地端口,可设置"任意端口"、"指定端口"、"端口范围"、"端口列表"。

(3) ICMP 类型:仅当协议类型为 ICMP 时可见。

① 指定类型:指定一种单一的过滤类型。

② 类型组合:指定多种类型进行组合,并控制方向。单击"编辑类型"按钮进入详细设置界面,选中要控制的类型,选中"匹配接收"、"匹配发送"复选框,单击"应用"按钮后生效(如图 4-14 所示)。

③ 任意类型:设定对所有 ICMP 类型生效。

(4) 内容特征:选中"指定内容特征"复选框,单击"编辑"按钮,将打开"编辑内容特征"对话框。

输入特征偏移量,在"特征内容"文本框中按 Insert 键,每按一次插入一个字节。

特征串最长支持 27 个字节,"特征内容"文本框中左侧显示的是十六进制数,右侧是 ASCII 码(如图 4-15 所示)。

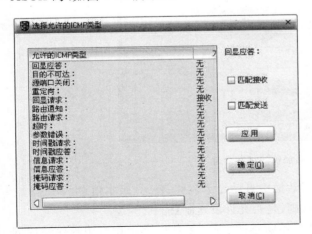

图 4-14　ICMP 类型

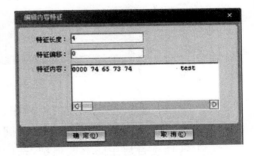

图 4-15　编辑内容特征

单击"确定"按钮退出时将根据输入的特征串自动计算特征长度。

(5) TCP 标志

仅当协议类型为 TCP 或 TCP/UDP 时可见。

选中"指定 TCP 标志"复选框,单击"编辑"按钮,将打开"选择允许的 TCP 标记"对话框。将需要设为允许的项选中,单击"确定"按钮生效。

TCP 标志有以下几个。

① URG:紧急数据包有效。用来处理避免 TCP 数据流中断。

② ACK:确认序号有效。提示远端系统已经成功接收所有数据。

③ PSH:尽快交应用层。表示请示的数据段在接收方得到后就可直接送到应用程序,而不必等到缓冲区满时才传送。

④ RST:重建连接。用于复位因某种原因引起出现的错误连接,也用来拒绝非法数据和请求。

⑤ SYN:同步发起连接。仅在建立 TCP 连接时有效,它提示 TCP 连接的服务端检查序列编号。

⑥ FIN:完成发送任务。带有该标志位的数据包用来结束一个 TCP 会话,但对应端口还处于开放状态,准备接收后续数据。

4. 访问规则

设置本机中访问网络的程序的过滤规则。

1)增加规则

(1)单击"增加规则"按钮或在右键快捷菜单中选择"增加规则"命令,打开"添加访问规则向导"对话框(如图 4-16 所示)。

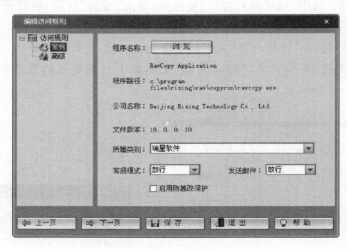

图 4-16　添加访问规则向导

(2)单击"浏览"按钮定位应用程序,对话框中自动显示名称、公司、版本信息。

(3)选择所属类别、常规模式下访问规则、是否允许发送邮件。

(4)选择是否启用防篡改保护,选中"启用防篡改保护"复选框表示在应用程序访问网络时防火墙将检查其是否已被修改过。

(5)单击"下一步"按钮或选择左侧的"高级"选项,进入高级设置对话框,设置在各种模式下此应用程序访问网络的规则(如图 4-17 所示)。

(6)设置其是否允许对外提供服务。单击"完成"按钮保存并退出。

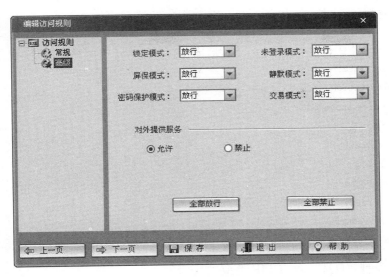

图 4-17　高级设置界面

2）编辑规则

（1）选中待修改的规则，规则加亮显示，单击"编辑规则"按钮或在右键快捷菜单中选择"编辑规则"命令，打开"编辑访问规则"对话框。

（2）修改对应项目，基本内容与"增加规则"相同。单击"完成"按钮确认修改，或单击"退出"按钮放弃此次修改。

3）删除规则

（1）选中待删除的规则，规则加亮显示，单击"删除规则"按钮或在右键快捷菜单中选择"删除规则"。

（2）确认删除。

4）导入规则

（1）单击"导入规则"按钮，在弹出的文件选择对话框中选中规则文件（＊.fwr），再单击"打开"按钮。

（2）如果列表中已有规则，导入会询问是否删除现有规则，可以单击"是"、"否"或"取消"按钮。

5）导出规则

（1）单击"导出规则"按钮，在弹出的保存对话框中填写文件名，再单击"保存"按钮。

（2）如果选择的文件已存在，导出时会询问是否覆盖。

5．ICMP 类型

本选项只适用于 ICMP（Internet Control Message Protocol，Internet 控制报文协议），仅供高级用户使用。在规则设置界面中，选择"协议"为 ICMP，再单击"ICMP 类型"标签，打开"ICMP 类型"选项卡。

ICMP 类型有以下 15 种可供选择。

```
echo reply
destination unreachable
```

source quench

redirect

echo request

router advertisement

router solicitation

time－to－live exceeded

IP header bad

timestamp request

timestamp reply

information request

information reply

address mask request

address mask reply

(1) 单一类型：只选一种 ICMP 类型。

(2) 类型列表：可选多种 ICMP 类型，用户可添加或删除 ICMP 类型。

(3) 任何类型：包括所有列出的所有类型。

4.2　天网防火墙的使用

【软件介绍】

"天网防火墙"是我国首个达到国际一流水平、首批获得国家信息安全认证中心、国家公安部、国家安全部认证的软硬件一体化网络安全产品，性能指标及技术指标达到世界同类产品先进水平。"天网防火墙"在多项网络安全关键技术上取得重大突破，特别是 DoS 防御功能。

天网防火墙个人版是以一个可执行文件方式提供的，下载之后直接执行便可以开始安装了。安装完毕之后，天网防火墙会自动将其自身加入"启动"中，以后每次启动 Windows，它都会自动启动。

【实验目的】

掌握天网防火墙的安装和使用。

【实验步骤】

1. 安装

(1) 安装天网防火墙，在安装过程中会有一个选项是"开机的时候自动启动防火墙"（必须选中该复选框），完成后不要重启（图 4-18，图 4-19）。

(2) 调试防火墙（只用于教学实验环节，不得用于商业行为），依次运行相关文件夹里面的 EXE 文件，路径是天网防火墙的安装路径，默认路径是 C:\Program Files\SkyNet\FireWall，如果安装时修改了安装路径，请选择修改后的安装路径，调试工作完成后，必须重启。

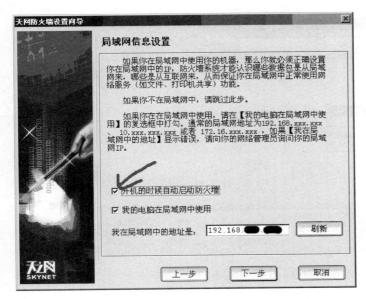

图 4-18 设置向导

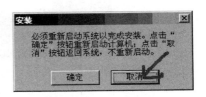

图 4-19 安装提示

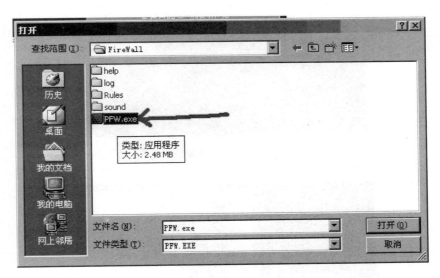

图 4-20 破解

2. 界面

天网防火墙的界面简洁,由 6 个选择页组成,选择不同的选择页便会有不同的内容可供选择。这 6 个选择页分别是普通设置、高级设置、安全记录、检测、关于、请注册。由于检测这项功能有 Bug 所以在这个版本中被屏蔽了,如果下载的是以前的版本,那么也建议不要使用,否则在系统漏洞修补后可能会造成系统使用不正常。除了这 6 个选择页之外,天网防火墙还提供了"停"这个快捷按钮,供用户快速断开网络。不过需要说明的是:这里所说的断开网络并不是 Internet 中的断开连接,也就是切断计算机和 ISP(互联网服务提供商)的联系,而是不允许任何外界的数据流进入本机,也不允许本机向外界发送数据流。不要认为

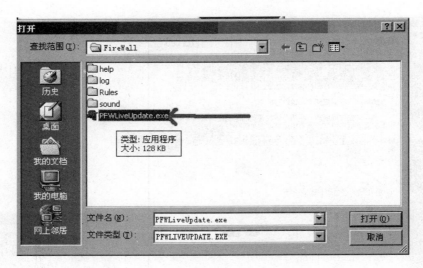

图 4-21　升级

单击"停"按钮之后便已经断开了与 ISP 的连接。

　　重启后,打开天网防火墙,安全级别选择"扩",一定不要选择"在线升级"(图 4-22,图 4-23)。

图 4-22　界面

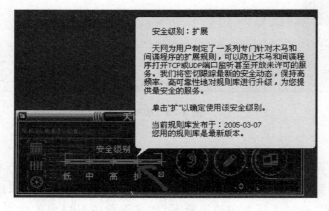

图 4-23　界面说明

　　按如图 4-24 和图 4-25 所示进行设置,将"在线升级设置"设置为永久不提示,以防升级后不能使用。

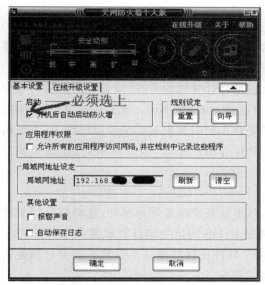

图 4-24　选中"开机后自动启动防火墙"复选框　　　　图 4-25　在线升级设置

3. 设置

天网防火墙提供了普通设置和高级设置两种。前者主要是提供给普通用户使用的,而后者则是提供给对于网络安全有着相当了解的高级用户。究竟选择哪一种就取决于对自己的定位。对于两种设置都会有比较详细的介绍,无论是哪一种设置,天网防火墙都提供局域网安全设置和互联网安全设置两种。下面的介绍以互联网安全设置为准。

4. 普通设置

在普通设置中,天网防火墙提供了极高、高、中、低、自定义 5 档选项。"极高"选项的含义就等同于前文讲到的"停"按钮,这个用处不大,与其禁止数据流的出入还不如直接切断与 ISP 的连接,毕竟这不是独享专线的符号。在"高"这个选项的时候,天网防火墙关闭了所有端口的服务,别人无法通过端口的漏洞来入侵计算机,而且就算是机器中有特洛伊木马的客户端程序,也不会受到入侵者的控制。可以用浏览器访问 WWW,但无法使用 QQ 等软件。如果需要使用 QQ 类服务,或者安装有 FTP Server、HTTP Server 的话,那么请不要选择此选项。在选中这个选项的时候,天网防火墙关闭了所有 TCP 端口服务,但 UDP 端口服务还开放着,别人无法通过端口的漏洞来入侵计算机。"中"这个选项阻挡了几乎所有的蓝屏攻击和信息泄漏问题而且不会影响普通网络软件的使用,这个是推荐的选项。在"低"这个选项的时候,天网防火墙阻挡了某些常用的蓝屏攻击和信息泄漏问题,但不能够阻挡特洛伊木马软件,不推荐使用。如果高级用户,需要自定义配置,那么请设置为"自定义"选项,并进入高级设置。

5. 高级设置

在高级设置中,天网防火墙提供了"与网络连接"、ICMP、IGMP、"TCP 监听"、"UDP 监听"、NETBIOS 共 6 个具体选项。考虑到后 5 项涉及较复杂的网络知识,所以在这里做一个简要的介绍。

1）ICMP

关闭 ICMP 时无法进行 ping 的操作，即别人无法用 ping 的方法来确定本台计算机的存在。当有 ICMP 数据流进入机器时，除了正常情况外一般是有人利用专门软件进攻计算机，这是一种在 Internet 上比较常见的攻击方式，主要分为 Flood 攻击和 Nuke 攻击两类。ICMP Flood 攻击通过产生大量的 ICMP 数据流以消耗计算机的 CPU 资源和网络的有效带宽，使得计算机服务不能正常处理数据，进行正常运作；ICMP Nuke 攻击通过 Windows 的内部安全漏洞，使得连接到互联网的计算机在遭受攻击的时候出现系统崩溃的情况，不能再正常运作。也就是常说的蓝屏炸弹。该协议对于普通用户来说，很少使用到，建议关掉此功能。

2）IGMP

IGMP 是和 ICMP 差不多的协议，除了可以利用它来发送蓝屏炸弹外，还会被后门软件利用。当有 IGMP 数据流进入计算机时，有可能是 DDoS 的宿主向计算机发送 IGMP 控制的信息，如果计算机上有 DDoS 的 Slave 软件，这个软件在接收到这个信息后将会对指定的网站发动攻击，这个时候这台计算机就成了黑客的帮凶。

3）TCP 监听

关闭时，计算机上所有的 TCP 端口服务功能都将失效。这是一种对付特洛伊木马客户端程序的有效方法，因为这些程序也是一种服务程序，由于关闭了 TCP 端口的服务功能，外部几乎不可能与这些程序进行通信。而且，对于普通用户来说，在互联网上只是用于 WWW 浏览，关闭此功能不会影响用户的操作。但要注意，如果计算机要执行一些服务程序，如 FTP Server，HTTP Server 时，一定要使该功能正常，而且，如果用 QQ 来接收文件，也一定要使该功能正常，否则将无法收到别人的 QQ 信息。另外，关闭了此功能后，也可以防止大部分的端口扫描。

4）UDP 监听

失效时，计算机上所有的 UDP 服务功能都将失效。通过 UDP 方式来进行蓝屏攻击比较少见，但有可能会被用来进行激活特洛伊木马的客户端程序。需要注意的是，如果使用了 QQ，就不可以关闭此功能。

5）NETBIOS

有人在尝试使用微软网络共享服务端口（139 端口）连接到计算机，如果没有做好安全措施，可能是在用户不知道和并没有允许的情况下，计算机里的私人文件就会在网络上被任何人在任何地方进行打开、修改或删除等操作。将 NETBIOS 设置为失效时，机器上所有共享服务功能都将关闭，别人在资源管理器中将看不到共享资源。注意：如果在失效前，别人已经打开了计算机的资源，那么他仍然可以访问那些资源，直到他断开了这次连接。建议在局域网中打开该功能，在互联网中关闭该功能。

6. 安全记录

当运行了防火墙并且想检测一下它的效果时，便可以查看天网防火墙的安全记录。在安全记录中，天网防火墙会提供它发现的所有进入数据流的来源 IP 地址、使用的协议、端口、针对数据进行的操作、时间等基本信息。在使用过程中，短短半个小时里，天网便截获了十几条进攻的数据流，绝大多数都是特洛伊木马类的进攻，可见网络的危险。

4.3　透过防火墙日志看系统安全

【实验目的】

防火墙日志可以说是一盘大杂烩,其中会保存系统收到的各种不安全信息的时间、类型等。通过分析这些日志,可以发现曾经发生过或正在进行的系统入侵行为。

防火墙日志并不复杂,但要看懂它还是需要了解一些基础概念(如端口、协议等)。尽管每种防火墙日志都不一样,但在记录方式上大同小异,主要包括:时间、允许或拦截(Accept或 Block)、通信类型、源 IP 地址、源端口、目标地址和目标端口等。下面以天网防火墙日志为例,了解如何分析防火墙日志,进而找出系统漏洞和可能存在的攻击行为。

天网防火墙会把所有不合规则的数据包拦截并记录到日志中,如果选择了监视所有TCP 和 UDP 数据包,那么发送和接收的每个数据包都将被记录。

【实验环境】

A 机器安装了防火墙,B 机器没有安装防火墙。

【实验名称】

ping 测试。

【实验步骤】

(1) 按默认安装,这时 A ping B 成功,但 B ping A 显示为“Time out”,且 A 的日志中有4 个数据包探测信息(注意:若规则修改后一定要保存,单击“磁盘”按钮)。

(2) 修改相关 IP 规则,使 B 机器 ping A 机器显示允许记录。

(3) 查看日志(图 4-26,图 4-27)。

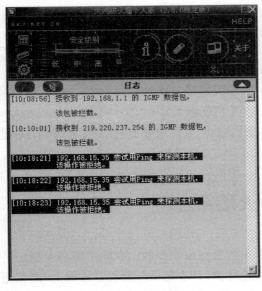

图 4-26　A 机安装防火墙

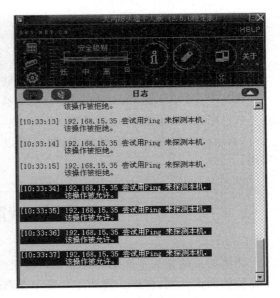

图 4-27　A 机修改 IP 规则后

【实验名称】

资源共享。

【实验步骤】

（1）禁止 B 机器共享 A 机器资源并记录（注：机器要重新启动才可能成功）。

（2）将相关 IP 规则设置"拦截"改为"通行"再测试。此时日志中有"139"端口操作被允许。若是 IP 则找不到，若是机器名则能够找到。

（3）查看日志（如图 4-28，图 4-29）。

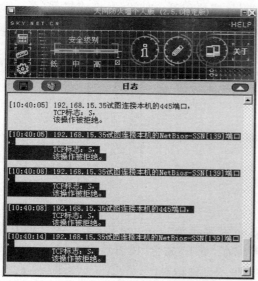

图 4-28　拒绝访问

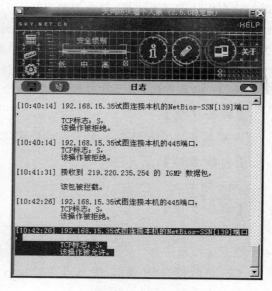

图 4-29　允许

【实验总结】

将安全级别设置为"低"、"中"、"高"、"自定义"时，IP 与资源共享访问的区别如下。

（1）低：B 机能够 ping 通 A 机，B 机能够访问 A 机资源共享。

（2）中：B 机不能 ping 通 A 机，B 机能够访问 A 机资源共享。

（3）高：B 机不能 ping 通 A 机，B 机不能访问 A 机资源共享。

（4）自定义：按 IP 规则设置，用户可以根据自己的需要调整自己的安全级别，方便实用。

4.4　测试防火墙系统

测试的目的是为了知道防火墙是否按照想象中的意图来工作的。在此之前必须制定一个完整的测试计划，测试的意图主要集中在路由、包过滤、日志记录与警报的性能上，测试当防火墙系统处于非正常工作状态时的恢复防御方案，设计初步测试组件，其中比较重要的测试包括：硬件测试（处理器、内外储存器、网络接口等）、操作系统软件（引导部分、控制台访问等)、防火墙软件、网络互连设备(交换机、集线器等)、防火墙配置软件、路由型规则、包过滤规则与关联日志、警报选项。

测试与校验防火墙系统有利于提高防火墙的工作效率,使其发挥令人满意的效果。必须了解每个系统组件有可能出现的错误与各种错误的恢复处理技术。一旦在规划下有防火墙系统出现非工作状态,就需要去及时进行恢复处理了。

造成防火墙系统出现突破口的最常见原因就是防火墙配置问题。需要在所有的测试项目之前做一个全面的针对配置的测试(例如路由功能、包过滤、日志处理能力等)。

1. 建立一个测试计划

需要做一个计划,让系统本身去测试防火墙系统与策略的执行情况,然后测试系统的执行情况。

(1) 建立一个所有可替代的系统组件的列表,用来记录一些会导致防火墙系统出错的敏感故障。

(2) 为每一个组件建立一个简短的特征说明列表,用语言阐述其对防火墙系统运作的影响。不必理会这些影响对防火墙系统的损害类型与程度和其可能发生的系数高低。

(3) 为每一个关联的故障类型设计一个特定的情况或某个指标去模拟它,设计一个缓冲方案去削弱它对系统的冲击性破坏。

例如,一个测试的特定情况是运行防火墙软件的主机系统出现不可替换的硬件问题时,且这个硬件将会影响到信息通信的枢纽问题,如网络适配器损坏,模仿这个类型的故障可以简单地拔出该网络接口。

至于防御、恢复策略的例子可以是做好一整套的后备防火墙系统,当信息包出现延误等问题时在最短的时间内将机器替换。

测试一个策略在系统中的运作情况是很困难的。要用尽方法去测试 IP 包过滤设置是不可行的,这样可能出现很多种情况。最好使用分界测试(分部测试)来取代总体测试。在这些测试上,必须确定实施的包过滤规则与每个分块之间的分界线,这样需要做到以下几点。

(1) 为每个规则定义一个边界规则。

通常,每个规则的必要参数都会有一个或两个边界点。在这个区域里将会被划分为一个多面型的包特征区。通常划分的特征包括通信协议、源地址、目标地址、源端口、目标端口等。基本上,每种包特征都可以独立地去配对包过滤规则在区域里所定义的数值尺度。例如,其中一个规则允许 TCP 包从任何主机发送到该 Web 服务器的 80 端口,这个例子使用了三个配对特征(协议、目标地址、目标端口)。在这个实例中也将一个特征区划分成三个区域:TCP 包到 Web 服务器低于 80 端口、等于 80 端口、大于 80 端口。

(2) 必须为每一个已经设置好的区域做一些信息交换的测试。

(3) 确认这些特定的区域能否正常地通过与拒绝所有的信息交换。做一个单独的区域,在区域中拒绝或者通过所有的信息交换。这样做的目的是为了划分包特征通信的区域问题。

作为一个综合性的规则群,它可以是一种比较单一的处理机制,并且有可能是没有被应用过的。若是没有被应用过的规则群,这要求一群人去反复审核它们的存在性并要求有人能够说出每一个规则所需要实施的意义。整个测试计划包括案例测试、配置测试与期待目标。

测试路由配置、包过滤规则(包括特殊服务的测试)、日志功能与警报。

测试防火墙系统整体性能(例如硬/软件故障恢复、足够的日志存储容量、日志档案的容错性、监视追踪器的性能问题)。

尝试在正常或不正常这两种情况下进行的测试。

同样也需要记录在测试中打算使用的工具(扫描器、监测器,还有漏洞/攻击探测工具),并且相应地测试一下它们的性能。

2. 获取测试工具

逐步使用各种防火墙测试工具能够知道这些防火墙产品在各类性能指标上是否存在着不足,各种类型的防火墙测试工具包括以下几个。

(1) 网络通信包生成器,如 SPAK(Send Packets)、IPsend、Ballista;

(2) 网络监视器,如 TcpDump 与 Network Monitor;

(3) 端口扫描器,如 Strobe 与 NMAP;

(4) 漏洞探测器(可以扫描到一定的有效范围,能针对多种漏洞的);

(5) 入侵测试系统(Intrusion Detection Systems,IDS),如 NFR(Network Flight Recorder)与 Shadow。

1) 测试环境中测试防火墙系统的功能

建立一个测试框架以便防火墙系统能在两台独立的主机之中连通,这两端一端代表外网一端代表内网。

在测试时要确保内网的默认网关为防火墙系统(这里指的是企业级带路由的防火墙),如果已经选择好一个完整的日志记录体系,工作在内网主机与日志记录主机之间的话,那么就可以进行日志记录选项测试了。如果日志记录在防火墙机器上完成的话,可以直接使用内网机器连上去。

把安装有扫描器与嗅探器的机器安置在拓扑的内部与外部,用于分析与捕捉双向的通信问题与通信情况(数据从内到外、从外到内)。

测试执行的步骤如下。

(1) 停止包过滤。

(2) 注入各类包用于演示路由规则并通过防火墙系统。

(3) 通过防火墙的日志与扫描器的结果来判断包的路由是否准确。

(4) 打开包过滤。

(5) 接入网间通信,为各种协议、所有端口、有可能使用的源地址与目标地址的网间通信摄取样本记录。

(6) 确认应该被堵塞(拒绝)的包被堵塞了。例如,如果所有的 UDP 包被设置为被堵塞,要确认没有一个 UDP 包通过,还要确认被设置为通过或脱离(允许)的包被通过和脱离了。可以通过防火墙的日志与扫描器的分析来得到这些实验的结果。

(7) 扫描那些被防火墙允许与拒绝的端口,查看防火墙系统是否与设置时预期的一样。

(8) 检查一下包过滤规则中日志选项参数,测试一下日志功能是否在所有网络通信中能像预期中那样工作。

(9) 测试在所有网络通信中出现预定警报时是否有特定的目的者(如防火墙系统管理

员)与特殊的行动(页面显示与 E-mail 通知)。

　　上述的步骤需要至少两个人一步步计划与实施:最初由某一个人负责整个工程的实施,包括路由配置、过滤规则、日志选项、警报选项,而另外一个人负责工程的复检工作,鉴定每个部分的工作程序,商定网络的拓扑与安全策略的实施是否恰当。

　　2) 在实施环境中测试防火墙系统的功能

　　在这个步骤必须把环境从单层次的体系结构演变为多层次的体系结构。

　　这个步骤也同样需要设定一个联合有一个或几个私网与公网的网络拓扑环境。在公网主要是定义向内网进行如 WWW(HTTP)、FTP、E-mail(SMTP)、DNS 这样的请求的应答,有时也会向内网提供诸如 SNMP、文件访问、登录等服务。在公网里主机也可以被描述为DMZ(非军事区),在内网则被定义为内网各用户的工作站。

　　测试执行的步骤如下。

　　(1) 把防火墙系统连接到内外网的拓扑之中。

　　(2) 设置内外网主机的路由配置,使其能通过防火墙系统进行通信。这一步的选择是建立在一个 service-by-service 的基础上,例如,一台在公网的 Web 服务器有可能要去访问某台在私网的某台主机上的一个文件。围绕着这个类型的服务还有 Web、文件访问、DNS 等。

　　(3) 测试防火墙系统能否记录"进入"或者"外出"的网络通信。可以使用扫描器与网络嗅探器来确认这一点。

　　(4) 确认应该被堵塞(拒绝)的包被堵塞了。例如,如果所有的 UDP 包被设置为被堵塞,要确认没有一个 UDP 包通过了,还要确认被设置为通过或脱离(允许)的包被通过和脱离了。可以通过防火墙的日志与扫描器的分析来得到这些实验的结果。

　　(5) 仔细地扫描网络内的所有主机(包括防火墙系统)。检查扫描的包是否被堵塞,从而确认不能从中得到任何数据信息。尝试使用特定的"认证端口"(如使用 FTP 的 20 端口)发送包去扫描各端口的存活情况,看看这样能不能脱离防火墙的规则限制。

　　(6) 可以把入侵测试系统安装在这个虚拟网络环境或现实网络环境中,帮助了解与测试这个包过滤规则能否保护该系统与网络对抗现有的攻击行为。要做到这样将需要在基本的规划上运行这一类的工具并定期分析结果。当然,可以将这一步的测试工作推迟到完全地配置好整个新的防火墙系统之后。

　　(7) 检查包过滤规则中日志选项参数,测试一下日志功能是否在所有网络通信中能像预期中那样工作。

　　(8) 测试在所有网络通信中出现预定警报时,是否有特定的目的者(如防火墙系统管理员)与特殊的行动(页面显示与 E-mail 通知)。

　　最后,应该先把新的防火墙系统安装在内网中,并配置通过,然后再接上外网接口。为了降低最后阶段测试所带来的风险,管理员可以在内网连上少量的机器(主管理机器群与防火墙系统),当测试通过后才逐步增加内网的机器数目。

3. 选定与测试日志文件的内容特征

　　当日志文件出现存放空间不足时,需要设置防火墙系统自行反应策略。下面有几种相关的选择。

　　(1) 防火墙系统关闭所有相关的外网连接。

（2）继续工作，新日志复写入原最旧的日志空间中。

（3）继续工作，但不做任何日志记录。

第一个选择是最安全但又不允许使用在防火墙系统上的。可以尝试模拟防火墙系统在日志空间被全部占用时的运行状态，尝试能否达到所选择的预期效果。

选择与测试适当的日志内容选项，这些选项包括以下几个。

（1）日志文件的路径（例如防火墙本地或远程机器的储存器）；

（2）日志文件的存档时间段；

（3）日志文件的清除时间段。

测试防火墙系统：每一个相关联的故障都应该写入测试报告（整个测试过程的第一步），尝试执行与模拟所有可能发生的特定情况，并测试相应的舒缓策略与评估其影响的破坏指数。

4. 扫描缺陷

使用一系列的缺陷（漏洞等）探测工具扫描防火墙系统，查看有否探测出存在着已经被发现的缺陷类型。若探测工具探测出有此类缺陷的补丁存在，请安装并重新进行扫描操作，这样可以确认缺陷已被消除。

5. 设计初步的渗透测试环境

在正常工作的情况下，选定一个特定的测试情况集来进行渗透测试。这些需要参考的情况包括出入数据包是否已经被路由、过滤、记录，且在此基础上确保一些特殊服务（WWW、E-mail、FTP 等）也能在预期中进行此类处理。

一旦需要新的防火墙系统加入到正常的工作环境时，可以在改变网络现状前选择使用一系列的测试来检验该改变是否会为正常的工作带来什么负面影响。

6. 准备把系统投入使用

在完成整个防火墙系统的测试之前，必须建立与记录一套"密码"通信机制或其他的安全基准手段，以便可以与防火墙系统进行安全的交流与管理。

在完成测试过程时必须做一个配置选项列表的备份。

7. 准备进行监测任务

监控网络的综合指数、吞吐量以及防火墙系统是确保已经正确地配置安全策略并且这些安全策略在正常执行的唯一途径。

确保该安全策略、程序、工具等资源处于必要的位置以便能很好地监控该网络与机器群，包括防火墙系统。

注意事项：组织或团队做防火墙系统、防火墙网络等安全测试行为应该注意以下几点。

（1）测试的防火墙系统必须在能监控的环境下进行。

（2）防火墙系统在每次出现配置或结构更改时应该重新进行渗透测试。

（3）定期升级渗透测试组件用于测试防火墙系统的配置状况。

（4）定期升级与维护保护区中的各种应用程序、操作系统、常用组件与硬件。

（5）监控所有网络与系统，包括防火墙系统，这是非常有必要的。

4.5　360 安全卫士防火墙

4.5.1　管理网速

在使用计算机的时候,有的软件会占用大部分网速和带宽,特别是一些下载工具,直接把网速和带宽全部占用,导致其他软件或应用根本无法使用带宽,甚至打开网页都很卡,如何限制和管理网速是比较重要的问题。

【实验目的】

使用 360 安全卫士的防火墙功能,对计算机的网速进行有效的管理。

【实验步骤】

(1) 在计算机桌面右下角的任务栏里找到 360 安全卫士的图标,单击右键,弹出菜单,选择"流量防火墙"命令,如图 4-30 所示。

或者单击 360 的加速球,单击右键,弹出菜单,选择"看网速"命令(如图 4-31 所示)。

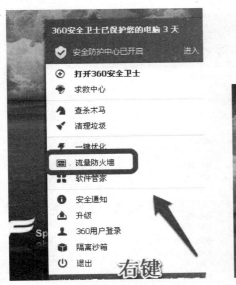

图 4-30　流量防火墙

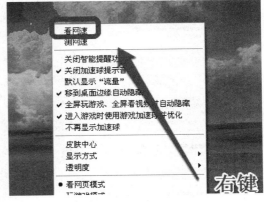

图 4-31　看网速

(2) 进入 360 流量防火墙后,可以查看到计算机目前开启的所有软件使用网速的情况,包括当前上传和下载的速度,已使用的流量大小等。可以设置其上传和下载的速度,限制其使用网速(如图 4-32 所示)。

(3) 单击右键,可以完全禁止访问网络,或者结束进程关闭程序,以及其他一些操作,这样可以管理计算机的网络速度,一旦发现网络有问题,就可以这样操作(如图 4-33 所示)。

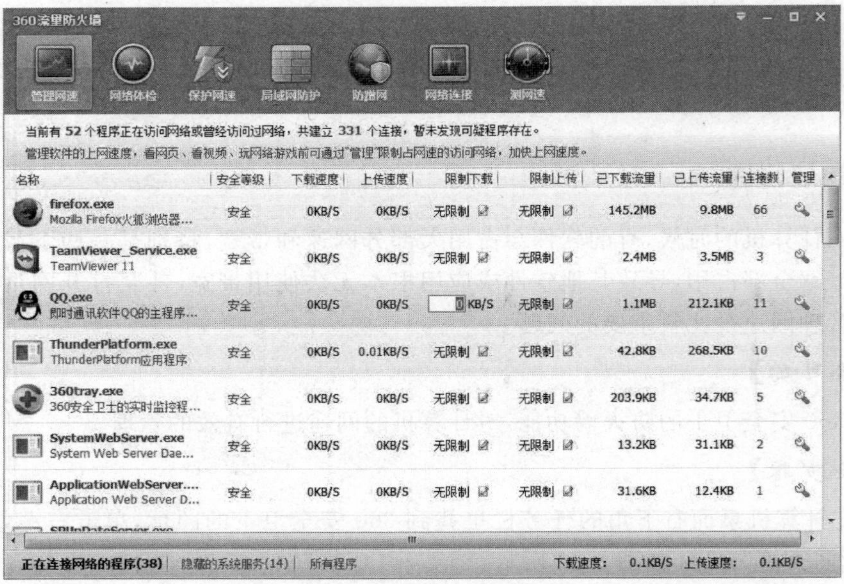

图 4-32　查看软件状态

图 4-33　管理网络速度

4.5.2　局域网防护

　　计算机在局域网内部,时常会有掉线、发生 IP 冲突、受到各种 ARP 攻击(如网络执法官、网络剪刀手、局域网终结者)等这些问题。这些问题的产生,根源都是 ARP 欺骗(ARP 攻击)。在没有 ARP 欺骗之前,数据流向是这样的:网关→本机。ARP 欺骗之后,数据流向是这样的:网关→攻击者("网管")→本机,本机与网关之间的所有通信数据都将流经攻击者("网管"),所以"任人宰割"就在所难免了。

【实验目的】

　　ARP 防火墙通过在系统内核层拦截虚假 ARP 数据包以及主动通告网关本机正确的 MAC 地址,可以保障数据流向正确,不经过第三者,从而保证通信数据安全、保证网络畅通。

【实验步骤】

（1）打开 360 安全卫士（如图 4-34 所示）。

图 4-34　打开软件

（2）在 360 安全卫士页面右下角单击"功能大全"→"更多"按钮（如图 4-35 所示）。

图 4-35　打开"更多"

（3）在"功能大全"中，单击"流量防火墙"选项（如图 4-36 所示）。

图 4-36　工具箱

（4）在 360 流量防火墙页面，打开"局域网防护"，弹出如图 4-37 所示界面。

图 4-37　局域网防护

（5）"ARP 防护"选项。

360ARP 防火墙默认开启防护，如果不用 360Wifi 等网络共享软件，可以把"局域网隐身"打开。（注意：如果要使用本机 Wifi 共享、局域网打印机共享等，请不要打开"局域网隐身"功能。）

小　　结

　　本章介绍了瑞星个人防火墙软件,它为计算机提供全面的保护,有效地监控任何网络连接。通过过滤不安全的服务,防火墙可以极大地提高网络安全,同时减小主机被攻击的风险,使系统具有抵抗外来非法入侵的能力,防止计算机和数据遭到破坏。本章还介绍了天网防火墙个人版,如何设置个人防火墙,查看防火墙的日志,分析日志可以使系统避免入侵,受到保护。最后介绍了如何使用 360 安全卫士防火墙功能管理网速,如何防止 ARP 攻击进行计算机保护。

第 5 章 Red Hat Linux 系统安全

5.1 Linux 系统的安全

Linux 安全体系结构的核心组件包括 PAM 认证机制、访问控制机制、特权管理机制、安全审计和其他安全机制等内容。

1. PAM 认证机制

PAM(PluggableAuthenticationModules)是由 Sun 提出的一种认证机制,其目的是提供一个框架和一套编程接口,将认证工作由程序员交给管理员,PAM 允许管理员在多种认证方法之间做出选择,它能够改变本地认证方法而不需要重新编译与认证相关的应用程序。PAM 为更有效的认证方法的开发提供了便利,在此基础上可以很容易地开发出替代常规的用户名加口令的认证方法。

PAM 的主要功能如下。

(1) 加密口令(包括 DES 以外的算法);

(2) 对用户进行资源限制,防止 DDoS 攻击;

(3) 允许随意 Shadow 口令;

(4) 限制特定用户在指定时间从指定地点登录;

(5) 支持 C/S 结构的认证交互。

2. 访问控制机制

访问控制机制是用于控制系统中主体对客体的各种操作,如主体对客体的读、写和执行等操作。Linux 支持自主访问控制和强制访问控制操作。

1) 自主访问控制

自主访问控制是比较简单的访问控制机制,其基本思想如下。

(1) 由超级用户或授权用户为系统内的用户设置用户号(UID)和所属的用户组号(GID),系统内的每个主体(用户或代表用户的进程)都有唯一的用户号,并归属于某个用户组,每个用户组具有唯一的组号。所有的被设置的用户信息均保存在系统的/etc/passwd文件中,一般情况下,代表用户的进程继承该用户的 UID 和 GID。

(2) Linux 系统利用访问控制矩阵来控制主体对客体的访问。Linux 系统将每一个客体的访问主体区分为客体的属主(u)、客体的属组(g),以及其他用户(o),并把每一客体的访问模式区分为读(r)、写(w)和执行(x),所有这些信息构成了一个完整的访问控制矩阵。

(3) 当用户访问客体时,Linux 系统会根据进程的 UID、GID 和文件的访问控制信息来检查用户访问的合法性。

(4) 为维护系统安全性,对于某些客体,普通用户不应具有访问权限,但是由于某种需要,用户又必须能超越对这些客体的受限访问,例如,对于/etc/passwd 文件,用户虽然不具有访问权限,但是又必须允许用户能够修改该文件,以修改自己的密码。针对这类问题,Linux 是通过 setuid/setgid 程序来解决的。setuid/setgid 程序可以使代表普通用户的进程不继承该用户的 UID 和 GID,而是继承该进程所对应的应用程序文件的所有者的 UID 和 GID,即使普通用户暂时获得其他用户身份,并通过该身份访问客体。

2) 强制访问控制

强制访问控制(MandatoryAccessControl,MAC)是一种由系统管理员从全系统的角度定义和实施的访问控制,它通过标记系统中的主客体,强制性地限制信息的共享和流动,使不同的用户只能访问到与其相关的、指定范围的信息。

传统的 MAC 都是基于 TCSEC 中定义的 MLS 策略实现的,较典型的强制访问控制机制有 SELinux、RSBAC 和 MAC 等。

(1) SELinux 安全体系结构中的核心组件是一个安全服务器,其中定义了一种混合的安全性策略,它由类型实施(TE)、基于角色的访问控制(RBAC)和多级安全(MLS)三个部分组成。通过替换 SELinux 的安全服务器,可以支持不同的安全策略。SELinux 使用策略配置语言定义安全策略,然后通过 checkpolicy 编译成二进制形式,存储在文件/ss_policy 中,在内核引导时将该策略读到内核空间。

(2) RSBAC(RuleSetBasedAccessControl)能够基于多个模块提供灵活的访问控制功能。在 RSBAC 中,所有与安全相关的系统调用都扩展了安全实施代码,并利用这些代码调用中央决策部件,然后由该决策部件调用所有被激活的决策模块,形成安全决策,最后再由系统调用扩展来实施这个安全决策。

(3) MAC 可以将一个运行的 Linux 系统分隔成为多个互相独立的(或者互相限制的)子系统,这些子系统可以作为单一的系统来管理。

为了消除对超级用户账户的高度依赖,提高系统安全性,从 Linux 的 2.1 版本开始,在系统内核中引入了权能的概念,实现了基本权能的特权管理机制。这种新的特权管理机制的基本思想如下。

(1) 利用权能把系统内的各种特权进行划分,使同一类的敏感操作具有相同的权能。

(2) 超级用户及其 Shell 在系统启动期间拥有全部权能,而普通用户及其 Shell 不具有任何权能。

(3) 在系统启动后,系统管理员可以随时剥夺超级用户的某些权能。

(4) 用户进程可以自动放弃所具有的某些权能;用户所放弃的权能,在系统运行期间是无法恢复的。

(5) 新创建的进程所拥有的权能是由该进程所代表的用户目前所具有的权能与该进程的父进程的权能进行与运算确定的。

(6) 每个进程的权能被保存在进程控制块的 cap_effective 域中,这是一个 32 位的整数,它的每一位描述一种权能,1 表示拥有与该位相对应的权能,0 表示没有。对于普通用户,仍然可以通过 setuid 程序实现某些特权操作。

3. 特权管理机制

Linux 的特权管理机制是从 UNIX 继承过来的,其基本思想如下。

(1) 普通用户没有任何特权,而超级用户拥有系统内的所有特权。

(2) 当进程要进行某种特权操作时,系统检查进程所代表的用户是否为超级用户,即检查进程的 UID 是否为零。

（3）当普通用户的某些操作涉及特权操作时，通过 setuid/setgid 程序来实现。

在这种特权管理机制下，系统的安全完全掌握在超级用户手上，一旦非法用户获得了这个超级用户的账户，就等于获得对整个系统的控制权，系统将毫无安全可言。

4. 安全审计

Linux 系统中的日志是其安全体系结构中的重要内容之一，它能实时记录所发生的各种操作行为，能为检测攻击行为提供唯一的真实证据。Linux 系统提供了记录网络、主机和用户级日志信息的能力，所记录的内容可以是以下几方面。

（1）所有系统和内核的活动信息；

（2）每一次网络连接和它们的源 IP 地址、长度，有时还包括攻击者的用户名和使用的操作系统；

（3）远程用户申请访问的各种文件；

（4）用户可以控制的各种进程；

（5）具体用户所使用的每一条操作命令。

Linux 系统的安全审计机制是将审计事件分为系统事件和内核事件两类进行管理和维护的。系统事件是由审计服务进程 syslogd 进行维护和管理的，而内核事件是由内核审计线程 klogd 进行维护和管理的。syslogd 主要用于捕获和记录来自于应用层的日志信息；klogd 主要用于捕获和记录 Linux 的内核信息。

5. 其他安全机制

1）口令保护机制

为了增强口令的安全性，Linux 系统提供了多种口令保护措施，这些保护措施主要有以下几种。

（1）口令脆弱性警告；

（2）口令有效期；

（3）一次性口令；

（4）口令加密算法；

（5）影子文件；

（6）账户加锁。

2）自主访问控制的增强机制

Linux 系统提供了限制性 Shell、特殊属性、限制文件加载以及加密文件系统等增强功能。

（1）限制性 Shell：通过为用户指定一个功能受限的 Shell 来限制用户的某些行为。

（2）特殊属性：当给文件设定只能追加（append_only）、不可更改（immutable）等特殊属性时，对这些文件的访问只受对应特殊属性的控制而不受自主访问控制机制的控制。同时，只有超级用户才能编辑这些属性值。

（3）限制文件加载：通过使用带有 mount 选项的 mount 命令或通过配置/etc/fatab 文件，Linux 系统将会按所确定的 mount 选项来加载文件系统。

（4）加密文件系统（CryptographicFileSystem，CFS）：CFS 就是通过将加密服务引入文

件系统来提高系统的安全性。CFS 是基于 NFS 客户/服务器运作的。客户端为 NFS 客户端,服务器端为 CFSD。CFSD 既是响应客户端请求的 NFS 服务器,又是加密/解密引擎。CFSD 通过标准文件系统调用接口与文件系统进行交互。

3) 限制超级用户的机制

Linux 系统提供了以下三种限制超级用户操作的方法。

(1) 禁止用户以超级用户账户登录,但可以通过 su 或 sudo 成为超级用户;

(2) 超级用户只能从本地登录系统,严禁通过网络登录;

(3) 禁止通过 su 访问超级用户,只能通过 sudo 监视和控制超级用户访问。

4) 网络安全机制

(1) 安全 Shell:安全 Shell 提供了 UNIX/Linux 操作系统中常用的 telnet、rlogin、rsh 和 rcp 等工具的替代程序,这些替代程序具有安全可靠的主机认证、用户身份认证、网上信息加密传输等安全功能。

(2) 入侵检测系统:目前比较流行的入侵检测系统有 Snort、Portsentry 和 Lids 等。利用这些工具,Linux 系统就具备了以下较高级的入侵检测能力。

① 记录入侵企图,当攻击发生时及时通知管理员;

② 当已知攻击发生时,能及时采取事先规定的安全措施;

③ 可以伪装成其他操作系统,向外发送一些错误信息,误导攻击者,使攻击者认为他们正在攻击一个 WindowsNT 或 Solaris 系统。

(3) 防火墙:Linux 系统的防火墙提供了以下一些功能。

① 访问控制能力;

② 安全审计能力;

③ 抗攻击能力;

④ 其他附属功能,如与审计相关的报警和入侵检测,与访问控制相关的身份验证、加密和认证,甚至 VPN 等。

5.2　Iptables 防火墙

防火墙就是用于实现 Linux 下访问控制的功能的,它分为硬件的防火墙和软件的防火墙两种。无论是在哪个网络中,防火墙工作的地方一定是在网络的边缘。所以任务就是需要去定义防火墙该如何工作,这就是防火墙的策略、规则,以达到让它对出入网络的 IP、数据进行检测。

目前市面上比较常见的有三、四层的防火墙,叫作网络层的防火墙,还有 7 层的防火墙,其实是代理层的网关。

对于 TCP/IP 的 7 层模型来讲,第三层是网络层,三层的防火墙会在这层对源地址和目标地址进行检测。但是对于 7 层的防火墙,不管源端口或者目标端口、源地址或者目标地址是什么,都将对所有的东西进行检查。所以,对于设计原理来讲,7 层防火墙更加安全,但是这却带来了更低的效率。所以市面上通常的防火墙方案,都是两者结合的。而又由于都需要从防火墙所控制的这个口来访问,所以防火墙的工作效率就成了用户能够访问数据多少的一个最重要的控制,配置的不好甚至有可能成为流量的瓶颈。

1. Iptables 的历史和发展

Iptables 的前身叫 Ipfirewall(内核 1. x 时代),这是一个从 freeBSD 上移植过来,能够工作在内核当中,对数据包进行检测的简易访问控制工具。但是 Ipfirewall 工作功能极其有限(它需要将所有的规则都放进内核当中,这样规则才能够运行起来,而放进内核这个做法一般是极其困难的)。当内核发展到 2. x 系列的时候,软件更名为 Ipchains,它可以定义多条规则,将它们串起来,共同发挥作用。而现在,它叫作 Iptables,可以将规则组成一个列表,实现绝对详细的访问控制功能。

它们都是工作在用户空间中定义规则的工具,本身并不算是防火墙。它们定义的规则,可以让在内核空间当中的 netfilter 来读取,并且实现让防火墙工作。而放入内核的地方必须是特定的位置,必须是 TCP/IP 的协议栈经过的地方。而这个 TCP/IP 协议栈必须经过的可以实现读取规则的地方就叫作 netfilter(网络过滤器)。

在内核空间中一共选择了以下 5 个位置。

(1) 内核空间中:从一个网络接口进来,到另一个网络接口去的位置。

(2) 数据包从内核流入用户空间的位置。

(3) 数据包从用户空间流出的位置。

(4) 进入/离开本机的外网接口。

(5) 进入/离开本机的内网接口。

2. Iptables 的工作机制

从上面的描述,可以得知选择了 5 个位置来作为控制的地方。其实前三个位置已经基本上能将路径彻底封锁了,但是为什么已经在进出的口设置了关卡之后还要在内部卡呢?

由于数据包尚未进行路由决策,还不知道数据要走向哪里,所以在进出口是没办法实现数据过滤的。所以要在内核空间里设置转发的关卡:进入用户空间的关卡,从用户空间出去的关卡。那么,既然它们没什么用,那为什么还要放置它们呢?因为在做 NAT 和 DNAT 的时候,目标地址转换必须在路由之前转换,所以必须先在外网而后内网的接口处进行设置关卡。

这 5 个位置也被称为 5 个钩子函数,也叫 5 个规则链。

(1) PREROUTING(路由前)。

(2) INPUT(数据包流入口)。

(3) FORWARD(转发管卡)。

(4) OUTPUT(数据包出口)。

(5) POSTROUTING(路由后)。

这是 NetFilter 规定的 5 个规则链,任何一个数据包,只要经过本机,必将经过这 5 个链中的其中一个链。

3. 防火墙的策略

防火墙策略一般分为两种,一种叫"通"策略,一种叫"堵"策略。通策略,默认门是关着的,必须要定义谁能进。堵策略则是,大门是打开的,但是必须有身份认证,否则不能进。所以要定义,让进来的进来,让出去的出去,所以通,是要全通,而堵,则是要选择。

当定义策略的时候,要分别定义多条功能,其中:定义数据包中允许或者不允许的策略,是 filter 过滤的功能,而定义地址转换的功能则是 nat 选项。为了让这些功能交替工作,制定出了"表"这个定义,来定义、区分各种不同的工作功能和处理方式。

现在用的比较多的功能有以下三个。

(1) filter:定义允许或者不允许的。

(2) nat:定义地址转换。

(3) mangle:修改报文原数据。

修改报文原数据就是来修改 TTL,能够实现将数据包的元数据拆开,在里面做标记/修改内容。而防火墙标记,其实就是靠 mangle 来实现的。

对于 filter 来讲,一般只能做在三个链上:INPUT,FORWARD,OUTPUT。

对于 nat 来讲,一般也只能做在三个链上:PREROUTING,OUTPUT,POSTROUTING。

而 mangle 则是 5 个链都可以做:PREROUTING,INPUT,FORWARD,OUTPUT,POSTROUTING。

Iptables/netfilter(软件)是工作在用户空间的,它可以让规则进行生效,本身不是一种服务,而且规则是立即生效的。而 Iptables 现在被做成了一个服务,可以进行启动、停止。启动,则将规则直接生效;停止,则将规则撤销。

Iptables 还支持自己定义链。但是自己定义的链,必须是跟某种特定的链关联起来的。在一个关卡设定,指定当有数据的时候专门去找某个特定的链来处理,当那个链处理完之后,再返回,接着在特定的链中继续检查。

命令规则的写法如下。

iptables 定义规则的方式比较复杂,具体如下。

格式:iptables [-t table] COMMAND chain CRETIRIA -j ACTION

-t table:三个 filter nat mangle。

COMMAND:定义如何对规则进行管理。

chain:指定接下来的规则是在哪个链上操作的,当定义策略的时候,是可以省略的。

CRETIRIA:指定匹配标准。

-j ACTION:指定如何进行处理。

比如,不允许 172.16.0.0/24 的进行访问,命令如下。

```
iptables − t filter − A INPUT − s 172.16.0.0/16 − p udp −− dport 53 − j DROP
```

如果想拒绝的更彻底,则命令如下。

```
iptables − t filter − R INPUT 1 − s 172.16.0.0/16 − p udp −− dport 53 − j REJECT
iptables − L − n − v     ♯查看定义规则的详细信息。
```

规则的次序非常关键,谁的规则越严格,应该放得越靠前,而检查规则的时候,是按照从上往下的方式进行检查的。

4. 详解 COMMAND

1) 链管理命令(立即生效)

-P:设置默认策略(设定默认门是关着的还是开着的)。

默认策略一般只有以下两种。

Iptables – PINPUT(DROP\ACCEPT)默认是关的/默认是开的。

比如：

Iptables-PINPUTDROP 拒绝默认规则。并且没有定义哪个动作，所以关于外界连接的所有规则，包括 Xshell 连接之类的，远程连接都被拒绝了。

-F：FLASH，清空规则链（注意每个链的管理权限）。

Iptables – tnat – FPREROUTING

Iptables -tnat-F 清空 nat 表的所有链。

-N：NEW 支持用户新建一个链。

Iptables -Ninbound_tcp_web 表示附在 tcp 表上用于检查 Web。

-X：用于删除用户自定义的空链。

使用方法跟-N 相同，但是在删除之前必须要将里面的链给清空了。

-E：主要是用来给用户自定义的链重命名。例如：

– Eoldnamenewname

-Z：清空链及链中默认规则的计数器（有两个计数器，被匹配到多少个数据包，多少个字节）。例如：

Iptables – Z

2）规则管理命令

-A：追加，在当前链的最后新增一个规则。

-Inum：插入，把当前规则插入为第几条。

-I3：插入为第三条。

-Rnum：Replays 替换/修改第几条规则。

格式：iptables-R3

-Dnum：删除，明确指定删除第几条规则。

3）查看管理命令"-L"

附加子命令如下。

-n：以数字的方式显示 IP，它会将 IP 直接显示出来，如果不加-n，则会将 IP 反向解析成主机名。

-v：显示详细信息。

-vvv：越多越详细。

-x：在计数器上显示精确值，不做单位换算。

--line-numbers：显示规则的行号。

-tnat：显示所有关卡的信息。

5．详解匹配标准

（1）通用匹配：源地址目标地址的匹配。

-s：指定作为源地址匹配，这里不能指定主机名称，必须是 IP。

```
IP|IP/MASK|0.0.0.0/0.0.0.0
```

而且地址可以取反,加一个"!"表示除了指定 IP 之外。

-d：表示匹配目标地址。

-p：用于匹配协议(这里的协议通常有三种：TCP,UDP,ICMP)。

-Ieth0：从这块网卡流入的数据,流入一般用在 INPUT 和 PREROUTING 上。

-oeth0：从这块网卡流出的数据,流出一般在 OUTPUT 和 POSTROUTING 上。

(2)扩展匹配。

① 隐含扩展：对协议的扩展。

-ptcp：TCP 的扩展,一般有三种扩展。

--dportXX-XX：指定目标端口,不能指定多个非连续端口,只能指定单个端口,比如,--dport21 或者--dport21-23(此时表示 21,22,23)。

--sport：指定源端口。

--tcp-fiags：TCP 的标志位(SYN,ACK,FIN,PSH,RST,URG)。对于它,一般要跟以下两个参数。

- 检查的标志位；
- 必须为 1 的标志位。

```
-- tcpflagssyn,ack,fin,rstsyn = -- syn
```

表示检查这 4 个位,这 4 个位中 syn 必须为 1,其他的必须为 0。所以这个命令的意思就是用于检测三次握手的第一次包。对于这种专门匹配第一次包的 SYN 为 1 的包,还有一种简写方式,即--syn。

-pudp：UDP 的扩展。

```
-- dport
-- sport
```

-picmp：ICMP 数据报文的扩展。

--icmp-type：

echo-request(请求回显),一般用 8 来表示。

所以--icmp-type8 匹配请求回显数据包。

echo-reply(响应的数据包)一般用 0 来表示。

② 显式扩展(-m)：扩展各种模块。

-mmultiport：表示启用多端口扩展,之后就可以启用。例如：

```
-- dports21,23,80
```

6. 详解-jACTION

常用的 ACTION 如下。

DROP：悄悄丢弃。一般多用 DROP 来隐藏身份,以及隐藏链表。

REJECT：明示拒绝。

ACCEPT：接受。

custom_chain：转向一个自定义的链。

DNAT：目标地址转换，在刚刚进来的网卡地址做转换。

SNAT：源地址转换，在即将出去的网卡地址做转换。

MASQUERADE：源地址伪装。

REDIRECT（重定向）：主要用于实现端口重定向。

MARK：做防火墙标记。

RETURN：返回。在自定义链执行完毕后使用 RETURN 来返回原规则链。

例如，只要是来自于 172.16.0.0/16 网段的都允许访问本机的 172.16.100.1 的 SSHD 服务。

分析：首先肯定是在允许表中定义的，因为不需要做 NAT 地址转换之类的事情，然后查看 SSHD 服务，在 22 号端口上，处理机制是接受，对于这个表，需要有一来一回两个规则，无论允许也好，拒绝也好，对于访问本机服务，最好是定义在 INPUT 链上，而 OUTPUT 再予以定义就好（会话的初始端先定义），所以添加规则如下。

定义进来的：

```
iptables - tfilter - AINPUT - s172.16.0.0/16 - d172.16.100.1 - ptcp -- dport22 - jACCEPT
```

定义出去的：

```
iptables - tfilter - AOUTPUT - s172.16.100.1 - d172.16.0.0/16 - ptcp -- dport22 - jACCEPT
```

将默认策略改成 DROP：

```
iptables - PINPUTDROP
iptables - POUTPUTDROP
iptables - PFORWARDDROP
```

7. 如何写规则

Iptables 定义规则的方式比较复杂，具体如下。

格式：Iptables[-ttable]COMMANDchainCRETIRIA-jACTION

-ttable：三个 filternatmangle。

COMMAND：定义如何对规则进行管理。

chain：指定接下来的规则是在哪个链上操作的，当定义策略的时候，是可以省略的。

CRETIRIA：指定匹配标准。

-jACTION：指定如何进行处理。

例如，不允许 172.16.0.0/24 的进行访问：

```
iptables - tfilter - AINPUT - s172.16.0.0/16 - pudp -- dport53 - jDROP
```

如果想拒绝得更彻底，则命令如下。

```
iptables - tfilter - RINPUT1 - s172.16.0.0/16 - pudp -- dport53 - jREJECT
```

iptables-L-n-v 查看定义规则的详细信息。

8. 状态检测

状态检测是一种显式扩展，用于检测会话之间的连接关系，有了检测就可以实现会话间功能的扩展。

　　什么是状态检测？对于整个 TCP 来讲，它是一个有连接的协议，三次握手中，第一次握手就叫 NEW 连接，而从第二次握手以后的，ack 都为 1，这是正常的数据传输，和 TCP 的第二次、第三次握手，叫作已建立的连接（ESTABLISHED）。还有一种状态，比较诡异，例如，SYN=1,ACK=1,RST=1，对于这种无法识别的，都称之为 INVALID。还有第四种，FTP 这种古老的协议拥有的特征，每个端口都是独立的，21 号和 20 号端口都是一去一回，它们之间是有关系的，这种关系称为 RELATED。

　　所以状态一共有 4 种：NEW、ESTABLISHED、RELATED、INVALID。

　　所以对于刚才的练习题，可以增加状态检测。例如，只允许状态为 NEW 和 ESTABLISHED 的进来，只允许 ESTABLISHED 的状态出去，这就可以对比较常见的反弹式木马有很好的控制机制。

　　对于练习题的扩展：

　　进来的拒绝出去的允许，进来的只允许 ESTABLISHED 进来，出去只允许 ESTABLISHED 出去。默认规则都使用拒绝。

　　iptables-L-n--line-number：查看之前的规则位于第几行。

　　改写 INPUT：

```
iptables - RINPUT2 - s172.16.0.0/16 - d172.16.100.1 - ptcp -- dport22 - mstate -- stateNEW,
ESTABLISHED - jACCEPT
iptables - ROUTPUT1 - mstate -- stateESTABLISHED - jACCEPT
```

　　此时如果想再放行一个 80 端口的话，如何放行呢？

```
iptables - AINPUT - d172.16.100.1 - ptcp -- dport80 - mstate -- stateNEW,ESTABLISHED - jACCEPT
iptables - RINPUT1 - d172.16.100.1 - pudp -- dport53 - jACCEPT
```

　　一条规则放行所有。

　　例如：

　　假如允许自己 ping 别人，但是别人 ping 自己 ping 不通，如何实现？

　　分析：对于 ping 这个协议，进来的为 8(ping)，出去的为 0(响应)。为了达到目的，需要 8 出去，允许 0 进来。

　　在出去的端口上：

```
iptables - AOUTPUT - picmp -- icmp - type8 - jACCEPT
```

　　在进来的端口上：

```
iptables - AINPUT - picmp -- icmp - type0 - jACCEPT
```

　　小扩展：对于 127.0.0.1 比较特殊，需要明确定义它。

```
iptables - AINPUT - s127.0.0.1 - d127.0.0.1 - jACCEPT
iptables - AOUTPUT - s127.0.0.1 - d127.0.0.1 - jACCEPT
```

9. SNAT 和 DNAT 的实现

　　由于现在 IP 地址十分紧俏，已经分配完了，这就导致必须要进行地址转换来节约仅剩的一点儿 IP 资源。那么通过 Iptables 如何实现 NAT 的地址转换？

1) SNAT 基于原地址的转换

基于原地址的转换一般用在许多内网用户通过一个外网的口上网的时候，这时将内网的地址转换为一个外网的 IP，就可以实现连接其他外网 IP 的功能。

所以，在 Iptables 中就要定义如何转换，定义的样式如下。

例如现在要将所有 192.168.10.0 网段的 IP 在经过的时候全都转换成 172.16.100.1 这个假设出来的外网地址，命令如下。

```
iptables - tnat - APOSTROUTING - s192.168.10.0/24 - jSNAT -- to - source172.16.100.1
```

这样，只要是来自本地网络的试图通过网卡访问网络的 IP 地址，都会被统统转换成 172.16.100.1 这个 IP。

那么，如果 172.16.100.1 不是固定的，怎么办？

当使用联通网络或者电信网络上网的时候，一般都会在每次开机的时候随机生成一个外网的 IP，意思就是外网地址是动态变换的。这时就要将外网地址换成 MASQUERADE（动态伪装）：它可以实现自动寻找到外网地址，而自动将其改为正确的外网地址。所以，就需要如下设置：

```
iptables - tnat - APOSTROUTING - s192.168.10.0/24 - jMASQUERADE
```

这里要注意：地址伪装并不适用于所有的地方。

2) DNAT 目标地址转换

对于目标地址转换，数据流向是从外向内的，外面的是客户端，里面的是服务器端。

通过目标地址转换，可以让外面的 IP 通过对外的外网 IP 来访问服务器不同的服务器，而服务却放在内网服务器的不同的服务器上。

如何做目标地址转换？命令如下。

```
iptables - tnat - APREROUTING - d192.168.10.18 - ptcp -- dport80 - jDNAT -- todestination172.
16.100.2
```

目标地址转换要做的是在到达网卡之前进行转换，所以要做在 PREROUTING 这个位置上。

10. 控制规则的存放以及开启

注意：定义的所有内容，当重启的时候都会失效，要想能够生效，需要使用一个命令将它们保存起来。

1) serviceiptablessave 命令

保存在/etc/sysconfig/iptables 这个文件中。

2) iptables—save 命令

```
iptables - save >/etc/sysconfig/iptables
```

3) iptables—restore 命令

开机的时候，它会自动加载/etc/sysconfig/iptabels。

如果开机不能加载或者没有加载，而想让一个自己写的配置文件（假设为 iptables.2）

手动生效的话,命令如下。

```
iptables - restore </etc/sysconfig/iptables.2
```

运行以上命令则完成了将 Iptables 中定义的规则手动生效。

Iptables 是一个非常重要的工具,它是每一个防火墙上几乎必备的设置,也是在做大型网络的时候,因为很多原因而必须要设置的。学好 Iptables 可以对整个网络的结构有一个比较深刻的了解,同时,还能够将内核空间中数据的走向以及 Linux 的安全掌握得非常透彻。在学习的时候,应尽量结合各种各样的项目、实验来完成,对加深 Iptables 的配置以及各种技巧有非常大的帮助。

小　　结

本章介绍操作系统的安全问题及其解决的方法。本章以 Linux 操作系统为主介绍了操作系统安全保护的目标。操作系统需要保护数据的完整性、真实性、可用性、保密性和不可抵赖性。为实现保护数据的目标,必须从操作系统的安全使用管理和安全保证两个方面考虑。安全使用管理包括登录操作系统和系统内部操作的安全问题;安全保证应提供安全可靠的操作环境,不应有后门和隐患。最后详细介绍了 Iptables 防火墙的使用,可以对操作系统及其网络操作系统的结构有一个比较深刻的了解,也能够将内核空间中数据的走向以及 Linux 的安全掌握得非常透彻。

第6章 Windows 构筑校园网 服务器防火墙

6.1 Windows Server 2003 服务器防火墙

6.1.1 Windows Server 2003 安装

【实验名称】

Windows Server 2003 安装。

（注意：只用于教学实验环节，不得用于商业行为）

【实验设备】

一台 PC，一张 Windows Server 2003 光盘（或制作一个启动 U 盘）。

【实验步骤】

（1）启动 PC 并进入 BIOS 界面，如图 6-1 所示。

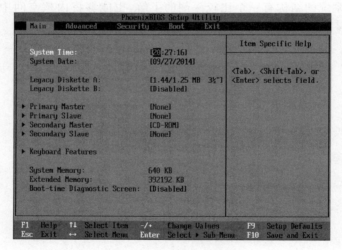

图 6-1　BIOS 界面 1

（2）按左右方向键转至 BOOT 选项，按上下方向键选中 CD-ROM Drive 之后按"＋"键调整 CD-ROM Drive 使其移动到第一个位置，如图 6-2 所示。

（3）按 F10 键保存设置，如图 6-3 所示。

（4）在保存确定后计算机会重新启动，之后跳转至安装界面，如图 6-4 所示。

（5）在跳转到安装界面之后，按 Enter 键后将会安装 Windows Server 2003，如图 6-5 所示。

（6）Windows 授权协议，按 F8 键同意协议后 Windows 安装将继续，如图 6-6 所示。

（7）在跳转至安装界面后，按 C 键为 Windows Server 2003 安装创建磁盘分区，如图 6-7 所示。

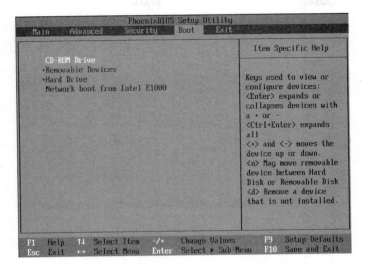

图 6-2   BIOS 界面 2

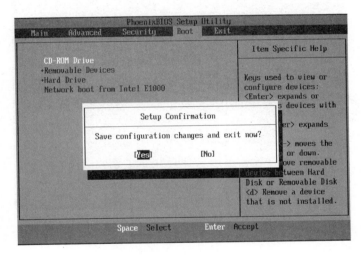

图 6-3   BIOS 保存

图 6-4   Windows 安装 1

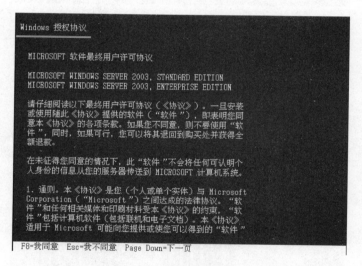

图 6-5　Windows 安装 2

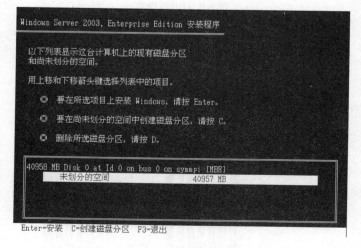

图 6-6　Windows 安装 3

图 6-7　Windows 安装 4

（8）在常见磁盘分区大小位置，为第一个分区输入要分区的大小，如图 6-8 所示。

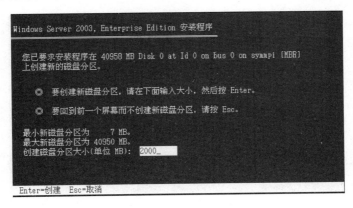

图 6-8　Windows 安装 5

（9）在将磁盘分区划分好后，选择系统安装的分区并按 Enter 键进入下一步安装，如图 6-9 所示。

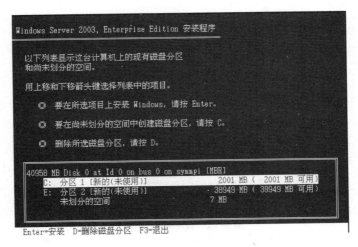

图 6-9　Windows 安装 6

（10）选择 NTFS 文件系统格式化磁盘分区，如图 6-10 所示。

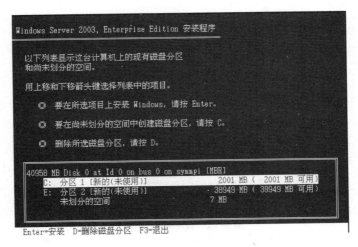

图 6-10　Windows 安装 7

（11）在进入格式化界面后，等待格式化，如图 6-11 所示。

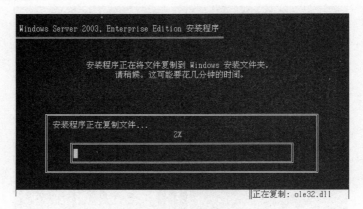

图 6-11　Windows 安装 8

（12）格式化好后，安装程序会自动将 Windows 安装文件复制到计算机，等待复制完成即可，如图 6-12 所示。

图 6-12　Windows 安装 9

（13）安装程序复制完成后，计算机将重新启动，然后进入安装界面，等待安装程序，如图 6-13 所示。

图 6-13　Windows 安装 10

（14）在安装程序正常安装之后跳出界面，单击"下一步"按钮，如图 6-14 所示。

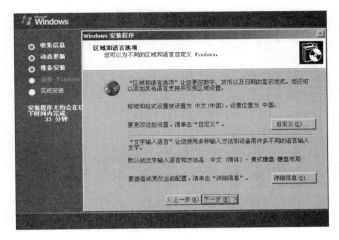

图 6-14　Windows 安装 11

（15）填写姓名"test"，单位"test"，然后单击"下一步"按钮，如图 6-15 所示。

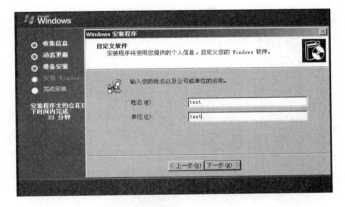

图 6-15　Windows 安装 12

（16）填写产品密钥，完成后单击"下一步"按钮，如图 6-16 所示。

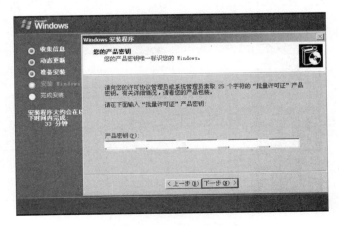

图 6-16　Windows 安装 13

（17）选择授权模式，单击"下一步"按钮继续安装，如图 6-17 所示。

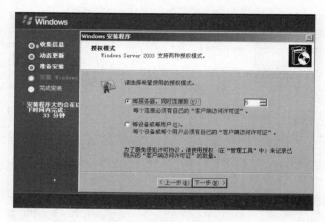

图 6-17　Windows 安装 14

（18）为计算机输入计算机名称以及管理员密码，然后单击"下一步"按钮继续安装，如图 6-18 所示。

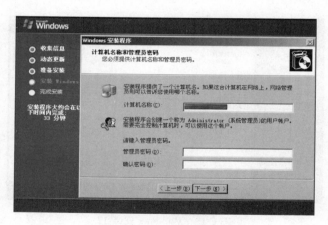

图 6-18　Windows 安装 15

（19）选择网络设置模式，这里选择"典型设置"之后单击"下一步"按钮，如图 6-19 所示。

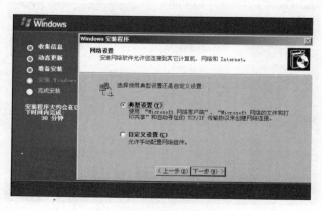

图 6-19　Windows 安装 16

（20）选择工作组或计算机所在域，单击"下一步"按钮，如图 6-20 所示。

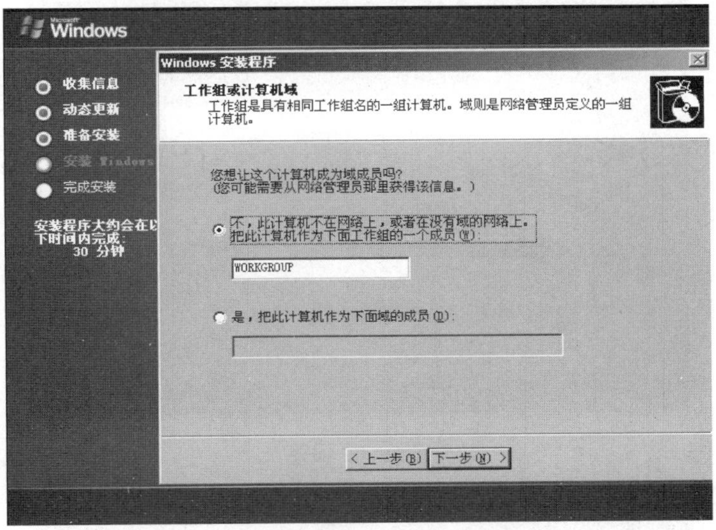

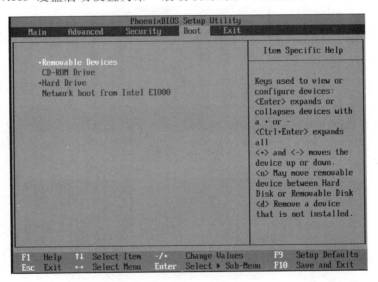

图 6-20　Windows 安装 17

（21）安装 Windows 之后计算机会再次重新启动，再次进入 BIOS 到 Boot 中将"＋Removable Devices"硬盘启动设置为第一启动项，如图 6-21 所示。

图 6-21　设置启动项

（22）按 F10 键保存，如图 6-22 所示。

（23）计算机重启后安装完成，如图 6-23 所示。

（24）计算机启动正常，然后按照提示启动进入系统，如图 6-24 所示。

（25）正常进入系统，Windows Server 2003 安装完成，如图 6-25 所示。

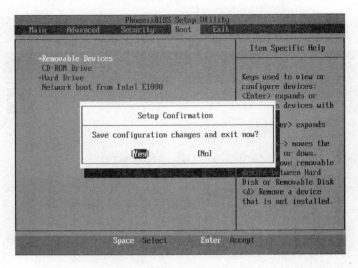

图 6-22　保存

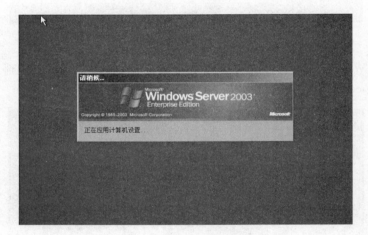

图 6-23　重启

图 6-24　进入系统

图 6-25　安装完成

6.1.2　Windows Server 2003 自带防火墙的设置(面向校园网服务器)

在校园网的日常管理与维护中,网络安全正日益受到人们的关注。校园网服务器是否安全将直接影响学校日常教育教学工作的正常进行。为了提高校园网的安全性,网络管理员首先想到的就是配备硬件防火墙或者购买软件防火墙,但硬件防火墙价格昂贵,软件防火墙也价格不菲,这对教学经费比较紧张的广大中小学来说是一个沉重的负担,因此可以使用 Windows 2003 提供的防火墙功能为校园网服务器构筑安全防线。

1. Windows 2003 防火墙功能介绍

Windows 2003 提供的防火墙称为 Internet 连接防火墙,通过允许安全的网络通信通过防火墙进入网络,同时拒绝不安全的通信进入,使网络免受外来威胁。Internet 连接防火墙只包含在 Windows Server 2003 Standard Edition 和 32 位版本的 Windows Server 2003 Enterprise Edition 中。

2. Internet 连接防火墙的设置

在 Windows 2003 服务器上,对直接连接到 Internet 的计算机启用防火墙功能,支持网络适配器、DSL 适配器或者 Wifi 等连接到 Internet。

1) 启动/停止防火墙

(1) 打开"网络连接"窗口,右击要保护的连接,在弹出的快捷菜单中选择"属性"命令,弹出"本地连接属性"对话框。

(2) 打开"高级"选项卡,如图 6-26 所示。

如果要启用 Internet 连接防火墙,请选中"通过限制或阻止来自 Internet 的对此计算机的

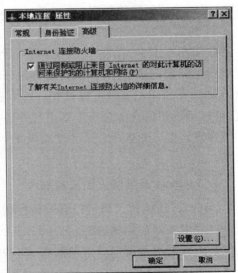

图 6-26　"本地连接 属性"对话框

访问来保护我的计算机和网络"复选框；如果要禁用 Internet 连接防火墙，请取消选中该复选框。

2）防火墙服务设置

Windows 2003 Internet 连接防火墙能够管理服务端口，例如 HTTP 的 80 端口、FTP 的 21 端口等，只要系统提供了这些服务，Internet 连接防火墙就可以监视并管理这些端口。

图 6-27　"高级设置"对话框

（1）标准服务的设置。以 Windows 2003 服务器提供的标准 Web 服务为例（默认端口 80），操作步骤如下：在如图 6-26 所示对话框中单击"设置"按钮，弹出如图 6-27 所示的"高级设置"对话框；在"高级设置"对话框"服务"选项卡中，选中"Web 服务器（HTTP）"复选项，单击"确定"按钮。设置好后，网络用户将无法访问除 Web 服务外本服务器所提供的其他网络服务。

注意：可以根据 Windows 2003 服务器所提供的服务进行选择，可以多选。常用标准服务系统已经预置在系统中，只需选中相应选项就可以了。如果服务器还提供非标准服务，那就需要管理员手动添加了。

（2）非标准服务的设置。以通过 8000 端口开放一非标准的 Web 服务为例。在如图 6-27 所示的"高级设置"对话框中，单击"添加"按钮，弹出"服务设置"对话框，在此对话框中，输入服务描述、IP 地址、服务所使用的端口号，并选择所使用的协议（Web 服务使用 TCP，DNS 查询使用 UDP），最后单击"确定"按钮。设置完成后，网络用户可以通过 8000 端口访问相应的服务，而对没有经过授权的 TCP、UDP 端口的访问均被隔离。

3）防火墙安全日志设置

在如图 6-27 所示的"高级设置"对话框中，打开"安全日志"选项卡，在"记录选项"选项区域中选择要记录的项目，防火墙将记录相应的数据。日志文件默认路径为 C:\Windows\Pfirewall.log，用记事本可以打开。所生成的安全日志使用的格式为 W3C 扩展日志文件格式，可以用常用的日志分析工具进行查看分析。

注意：建立安全日志是非常必要的，在服务器安全受到威胁时，日志可以提供可靠的证据。

3. Internet 连接防火墙应用思考

Internet 连接防火墙可以有效地拦截对 Windows 2003 服务器的非法入侵，防止非法远程主机对服务器的扫描，提高 Windows 2003 服务器的安全性。同时，也可以有效拦截利用操作系统漏洞进行端口攻击的病毒，如冲击波等蠕虫病毒。如果在用 Windows 2003 构造的虚拟路由器上启用此防火墙功能，能够对整个内部网络起到很好的保护作用。

ICF（Internet Connection Firewall，Internet 连接防火墙）作为 Windows Server 2003 系

统自带的防火墙工具,使用户既无须购买价格昂贵的硬件防火墙,也无须配置复杂的专业防火墙软件。这对于网络新手、家庭用户而言无疑是非常合适的。

1) 启用 ICF

默认情况下,ICF 并没有开启,需要手动启用它。例如,要启用"本地连接"的 ICF,操作步骤如下。

(1) 右击"网上邻居"图标,在弹出的快捷菜单中选择"属性"命令,在打开的"网络连接"窗口中双击"本地连接"图标,弹出"本地连接状态"对话框,单击"属性"按钮,弹出"本地连接属性"对话框。

(2) 打开"高级"选项卡,选中"通过限制或阻止来自 Internet 的对此计算机的访问来保护我的计算机和网络"复选框,单击"确定"按钮,这样即可开启 ICF。

2) 对 ICF 进行安全设置

启用 ICF 后如果不进行任何设置,那么该服务器的所有端口将被禁用,相应的服务也将被停止。因此,需要对 ICF 进行必要的设置以符合实际需要。

(1) 设置常规服务。这里所说的常规服务是指常常用到的 WWW、FTP 等服务。ICF 在默认情况下提供了几种常用服务可设置。单击"高级"选项卡中的"设置"按钮,弹出"高级设置"对话框。在"服务"选项卡中,提供了常用"服务"的列表,如果服务器需要提供 FTP 服务,则只需勾选"FTP 服务器"选项(图 6-28),在打开的"服务设置"对话框中保持默认的计算机名即可。

(2) 设置非常规服务。为了防止用户的不良访问,常常需要将一些常规服务的默认端口屏蔽掉,而采用一些非默认端口提供常规服务。例如,可以使用 6000 端口提供 WWW 服务。单击图 6-28 中的"添加"按钮,打开"服务设置"对话框。在该对话框中添加相应信息,注意一定要在外部和内部端口号设置"6000"(图 6-29),然后单击"确定"按钮。这时即可在服务列表中看到刚刚添加的服务。

图 6-28　"高级设置"对话框

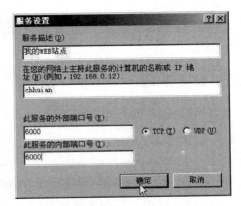

图 6-29　使用 6000 端口提供 WWW 服务

（3）ICMP 设置。ICMP 即 Internet 控制信息协议，最常用的 ping 命令就是基于 ICMP 的。默认情况下，ICF 禁用了应用该协议的信息请求，例如不允许 ping 本机。如果由于特殊需要而想 ping 本机，则需要在如图 6-28 所示的对话框中单击 ICMP 标签，在打开的选项卡中选中"允许传入响应请求"复选框。

（4）设置安全日志。建立安全日志可以使服务器在受到恶意攻击后保留可靠的证据，ICF 就具备这方面的功能。在如图 6-28 所示的对话框中单击"安全日志"标签，在"安全日志"选项卡中选中"记录被丢弃的数据包"和"记录成功的连接"两个复选框。这样就可以通过查看相应目录中保存的日志文件了解来访者的信息。

ICF 可以有效拦截某些用户对服务器的扫描和攻击，并且可以有效防范利用系统漏洞进行端口攻击的蠕虫病毒（如冲击波等）。无论对于个人计算机还是对于网络服务器，它都可以起到很好的保护作用。

6.2　Windows 7 防火墙的高级配置

6.2.1　Windows 7 防火墙专用网络配置

【实验名称】

Windows 7 防火墙专用网络配置。

【实验目的】

（1）通过对出站规则的配置，用户在专用网络线 IE 浏览器能通过防火墙访问外网，其他不允许通过专用防火墙的程序则不能访问外网。

（2）通过对入站规则配置，使计算机 B 能够通过防火墙 ping 通计算机 A。

【实验设备】

有两台装有 Windows 7 操作系统连接网络的 PC，一台作为 Windows 7 防火墙配置计算机 A，另一台作为测试计算机 B。

【实验原理】

这里的专用网络指的是家里或者单位自用的网络，通俗地说就是认识的人在一起使用同一个网络。

【实验任务 1】

设置网络配置，允许 IE 浏览器上网。

【实验步骤】

（1）打开"控制面板"→"系统和安全"→"Windows 防火墙"，如图 6-30 所示。

（2）在窗口的左边单击"打开或关闭 Windows 防火墙"来设置防火墙，这里启动，选择"Windows 防火墙阻止新程序通知我"复选框，设置专有网络防火墙，如图 6-31 所示。

（3）启动 Windows 防火墙之后，回到 Windows 防火墙界面会看到，如图 6-32 所示，专

图 6-30　Windows 防火墙

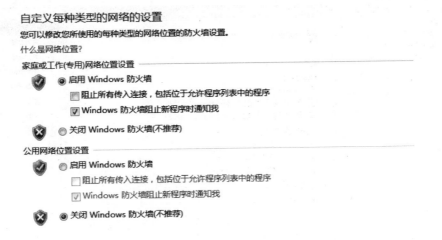

图 6-31　防火墙

有防火墙已经被启动。

（4）在"Windows 防火墙"界面中的左侧，单击"高级设置"，出现"高级安全 Windows 防火墙"界面，如图 6-33 所示。

图 6-32　防火墙启动

图 6-33　高级设置 1

（5）单击 Windows 防火墙属性，如图 6-34 所示。

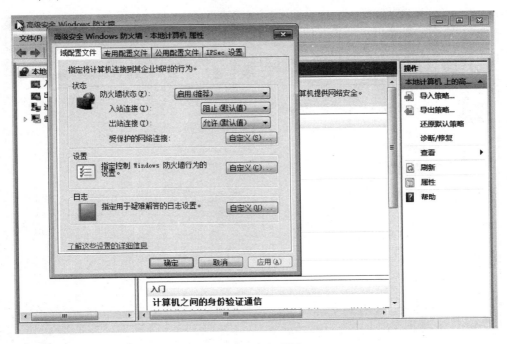

图 6-34　高级设置 2

（6）打开"专用配置文件"选项卡，将"出站连接"设置为"阻止"，单击"确定"按钮，如图 6-35 所示。

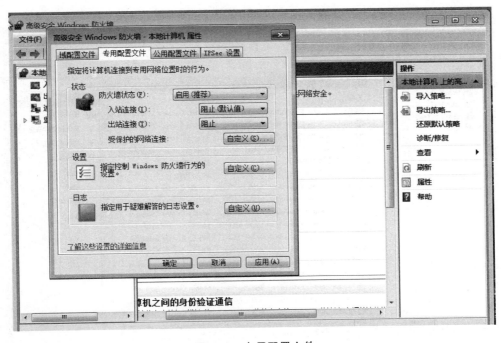

图 6-35　专用配置文件

（7）打开浏览器进行测试，可以看到 IE 浏览器不能正常访问网络，如图 6-36 所示。

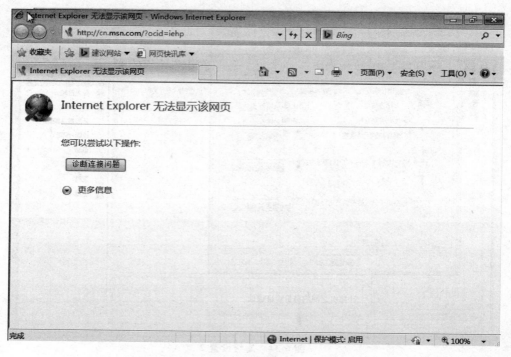

图 6-36　测试

（8）在"高级安全 Windows 防火墙"窗口的左侧功能栏中单击"出站规则"，如图 6-37 所示。

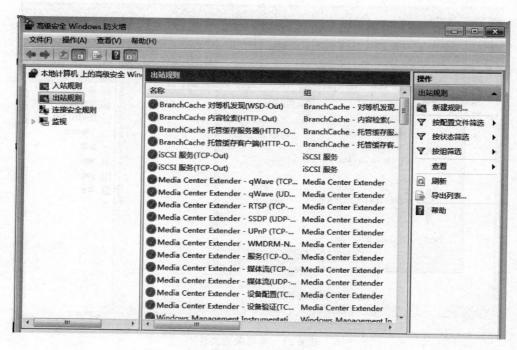

图 6-37　出站规则

（9）单击"新建规则"，添加规则，选择"自定义"规则，如图 6-38 所示，然后单击"下一步"按钮。

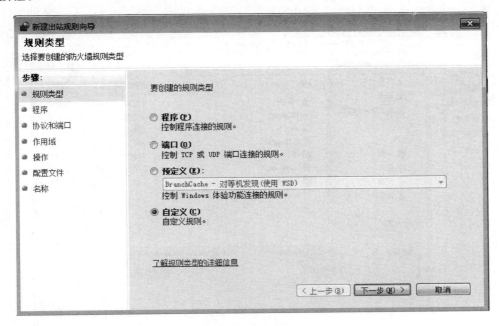

图 6-38　新建规则 1

（10）选择"此程序路径"，如图 6-39 所示。

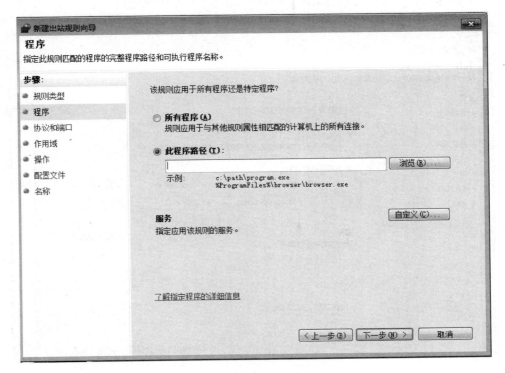

图 6-39　新建规则 2

（11）浏览程序所在位置，这里选择 IE 浏览器，如图 6-40 所示。

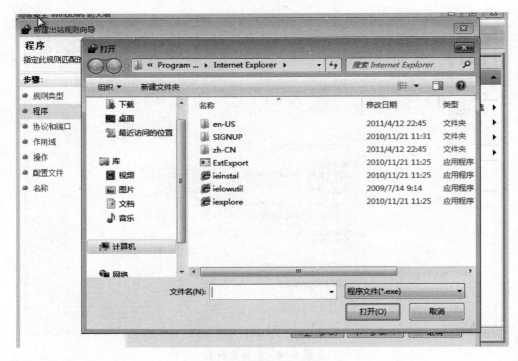

图 6-40　新建规则 3

（12）选择好程序路径之后，如图 6-41 所示，单击"下一步"按钮。

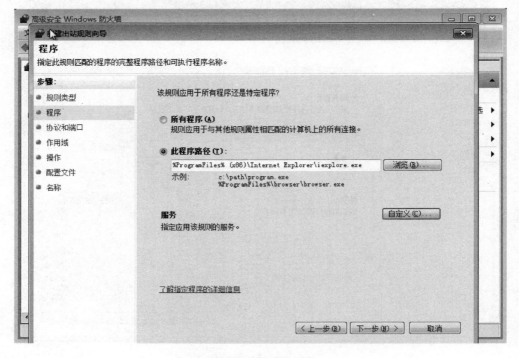

图 6-41　新建规则 4

（13）在"协议和端口"的步骤中，可根据具体的实验目标来选择，可以选择需要的协议类型和所有端口，如图 6-42 所示。

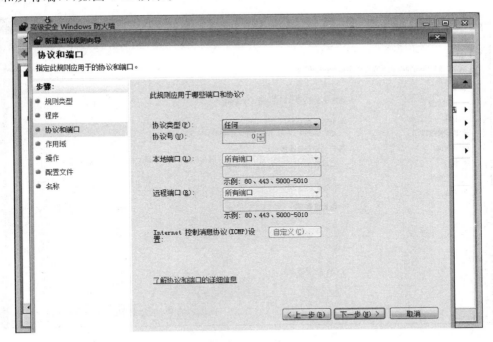

图 6-42 协议和端口

（14）在"作用域"的步骤中，指定要应用此规则的本地和远程 IP 地址。也可以根据不同的需求来制定，选择"任何 IP 地址"，如图 6-43 所示。

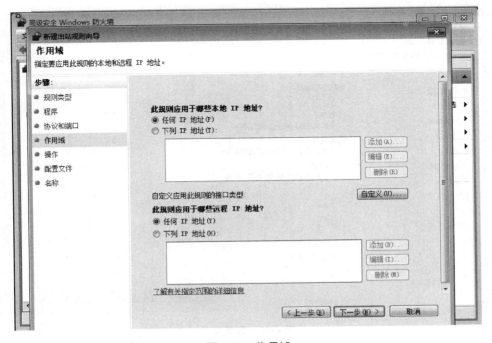

图 6-43 作用域

（15）在"操作"的步骤中，在前面阻止了所有的通过防火墙的网络，在这里是要让 IE 浏览器通过防火墙访问外网，所以选择"允许连接"，如图 6-44 所示。

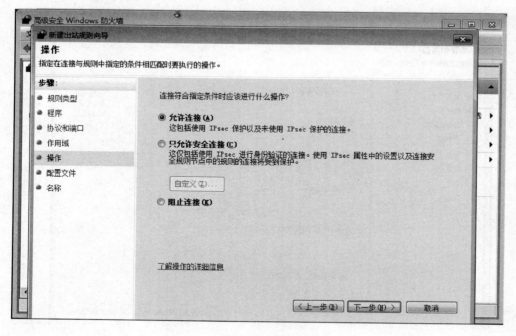

图 6-44　操作

（16）在"配置文件"的步骤中，选择所作用的位置，因为这个规则是要用于专用网络，所以选择"专用"网络，如图 6-45 所示。

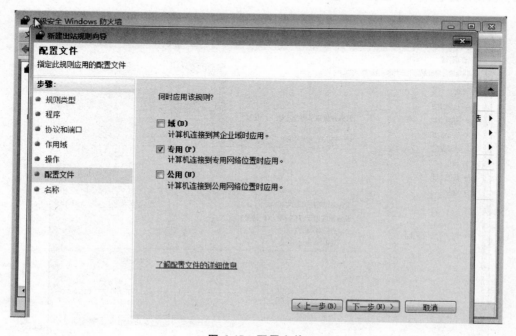

图 6-45　配置文件

（17）为添加的规则填写一个名称，如图 6-46 所示。

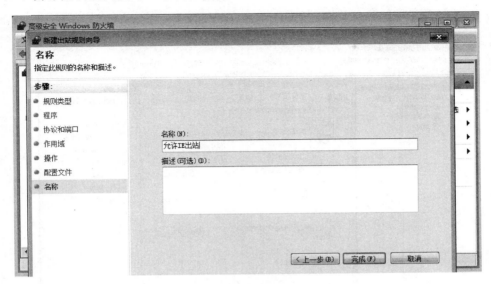

图 6-46　名称

（18）测试 IE 是否可以浏览网页，如图 6-47 所示，会看到 IE 通过了专用网络连接到了网站。

图 6-47　测试

【实验任务 2】

设置防火墙规则，不能 ping 通，提示"请求超时"。

【实验步骤】

（1）对"入站规则"进行设置，如图 6-48 所示，先查看"入站连接"是否设置为"阻止"。

图 6-48　入站规则

（2）关闭 Windows 防火墙，如图 6-49 所示。

图 6-49　关闭

（3）在命令行输入"ipconfig/all"，查看本机的 IP 地址，如图 6-50 所示。

（4）用计算机 B 进行 ping 测试，发现能够 ping 通计算机 A，如图 6-51 所示。

（5）打开 Windows 专用防火墙，如图 6-52 所示。

```
选定 C:\Windows\system32\cmd.exe

   连接特定的 DNS 后缀 . . . . . . . :
   描述. . . . . . . . . . . . . . : Intel(R) PRO/1000 MT Network Connection
   物理地址. . . . . . . . . . . . : 00-0C-29-48-2D-82
   DHCP 已启用 . . . . . . . . . . : 是
   自动配置已启用 . . . . . . . . : 是
   IPv4 地址 . . . . . . . . . . . : 192.168.1.113(首选)
   子网掩码 . . . . . . . . . . . : 255.255.255.0
   获得租约的时间 . . . . . . . . : 2014年9月21日 18:28:33
   租约过期的时间 . . . . . . . . : 2014年9月27日 22:19:36
   默认网关. . . . . . . . . . . . : 192.168.1.1
   DHCP 服务器 . . . . . . . . . . : 192.168.1.1
   DHCPv6 IAID . . . . . . . . . . : 234884137
   DHCPv6 客户端 DUID . . . . . . : 00-01-00-01-1B-B0-33-11-00-0C-29-48-2D-82

   DNS 服务器 . . . . . . . . . . : 192.168.1.1
                                    0.0.0.0
   TCPIP 上的 NetBIOS . . . . . . : 已启用
```

图 6-50　命令行输入

```
选定 管理员: C:\Windows\system32\cmd.exe

C:\Users\sky>ping 192.168.1.113

正在 Ping 192.168.1.113 具有 32 字节的数据:
来自 192.168.1.113 的回复: 字节=32 时间=1ms TTL=128
来自 192.168.1.113 的回复: 字节=32 时间<1ms TTL=128
来自 192.168.1.113 的回复: 字节=32 时间<1ms TTL=128
来自 192.168.1.113 的回复: 字节=32 时间<1ms TTL=128

192.168.1.113 的 Ping 统计信息:
    数据包: 已发送 = 4, 已接收 = 4, 丢失 = 0 (0% 丢失),
往返行程的估计时间(以毫秒为单位):
    最短 = 0ms, 最长 = 1ms, 平均 = 0ms
```

图 6-51　测试

图 6-52　打开 Windows 专用防火墙

（6）再次用计算机 B 进行 ping 测试，计算机 A 会出现提示"请求超时"，如图 6-53 所示，这表明防火墙拒绝 ping 通过。

```
C:\Users\sky>ping 192.168.1.113

正在 Ping 192.168.1.113 具有 32 字节的数据:
请求超时。
请求超时。
请求超时。
请求超时。

192.168.1.113 的 Ping 统计信息:
    数据包: 已发送 = 4, 已接收 = 0, 丢失 = 4 <100% 丢失>,
```

图 6-53　测试

【实验任务 3】

配置"自定义"规则，使协议 ICMP 通过防火墙。

【实验步骤】

（1）配置"自定义"入站规则，使协议 ICMP 能够通过防火墙，如图 6-54 所示，配置自定义规则。

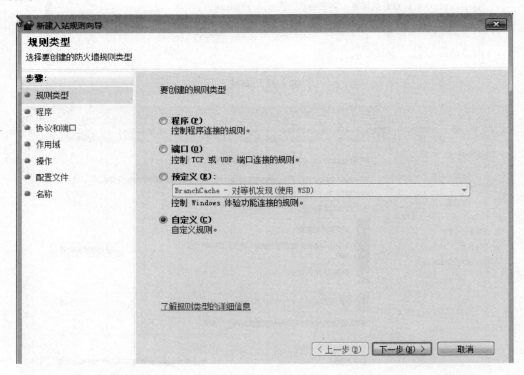

图 6-54　自定义

（2）选择"所有程序"，规则应用于与其他规则属性相匹配的计算机上的所有连接，如图 6-55 所示。

（3）选择 ICMPv4 协议类型，端口选择"所有端口"，如图 6-56 所示。

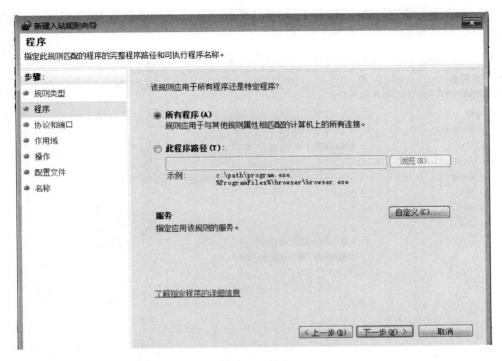

图 6-55　程序

图 6-56　协议和端口

（4）选择将此规则应用于"任何 IP 地址"（实际应用中可根据具体 IP 来设定，一般允许访问规则以最小权限为准），如图 6-57 所示。

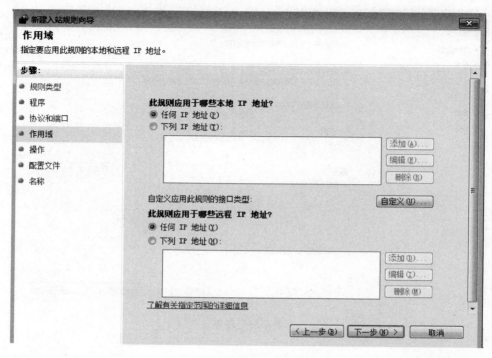

图 6-57　作用域

（5）连接符合指定条件时进行的操作，选择"允许连接"，如图 6-58 所示。

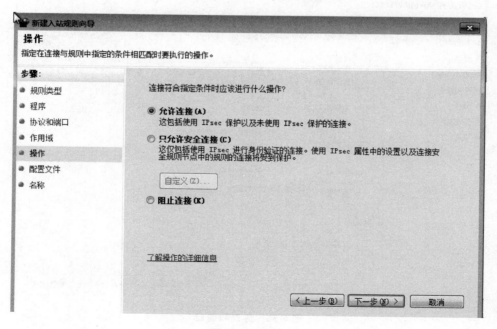

图 6-58　操作

（6）这里只做专用网络的实验，选择应用该规则为"专用"，如图 6-59 所示。

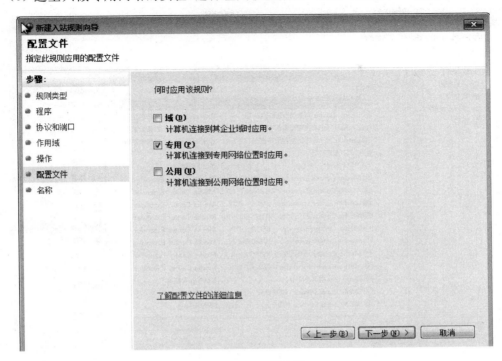

图 6-59　配置文件

（7）为新建的规则命名，如图 6-60 所示。

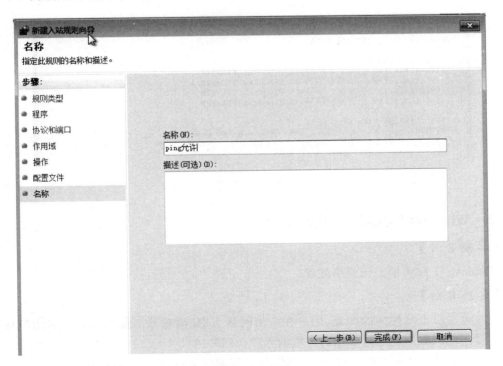

图 6-60　名称

（8）在"入站规则"中可以看到刚刚加入的允许 ICMP 通过的规则，如图 6-61 所示。

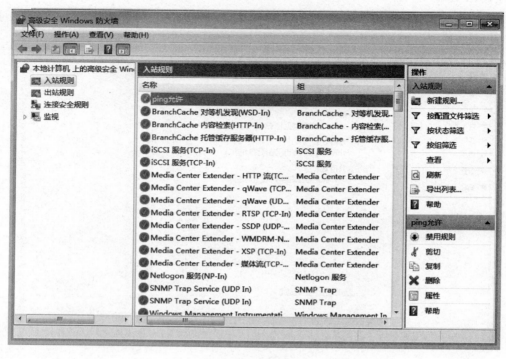

图 6-61　查看

（9）用计算机 B 再次 ping 测试计算机 A，发现可以通过防火墙 ping 通计算机 A，如图 6-62 所示。

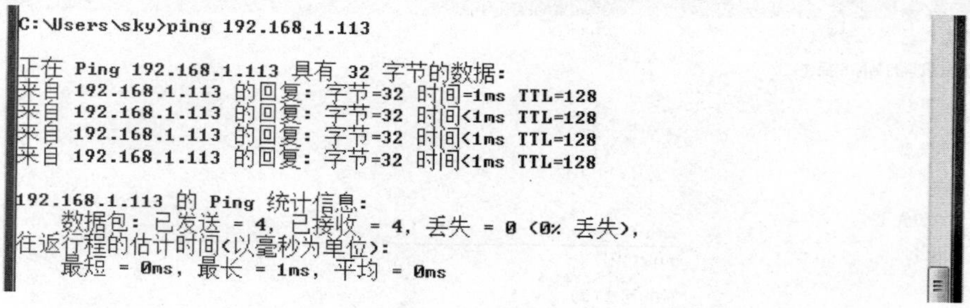

图 6-62　测试

6.2.2　Windows 7 防火墙公用网络配置

【实验名称】

Windows 7 防火墙公用网络配置。

【实验目的】

（1）通过对出站规则的配置，用户在公用网络上 IE 浏览器不能通过防火墙访问外网，其他不受限制的程序能通过专用防火墙的程序访问外网。

（2）通过对入站规则的配置，使计算机 B 能够通过防火墙 ping 通计算机 A。

【实验设备】

一台装有 Windows7 操作系统,并且可以连接网络的 PC。

【实验原理】

公用网络指的是在酒店或者商场之类的公共场所,毫不相干的人都可以随便使用的网络。他人可以通过搜索看到你的共享文件夹,或者获取一些系统的信息。

【实验任务 1】

设置网络配置,在公用网络的情况下,允许 IE 浏览器上网。

【实验步骤】

(1) 在"控制面板"中,选择"系统和安全",进入"Windows 防火墙",如图 6-63 所示。

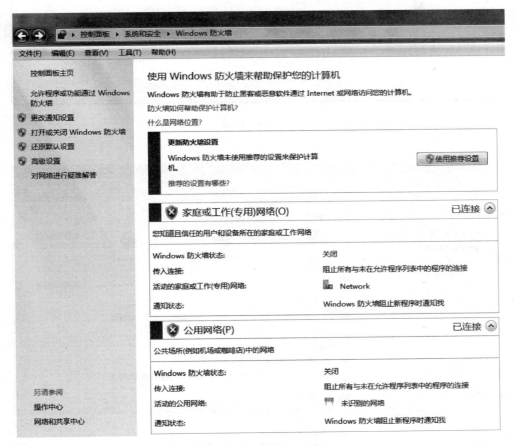

图 6-63　Windows 防火墙

(2) 在窗口的左边,单击"打开或关闭 Windows 防火墙",设置防火墙的开关,在"公用网络位置设置"中,选择"启动 Windows 防火墙",如图 6-64 所示。

(3) 然后打开"网络和共享中心",如图 6-65 所示,在"查看活动网络"中单击"工作网络"。

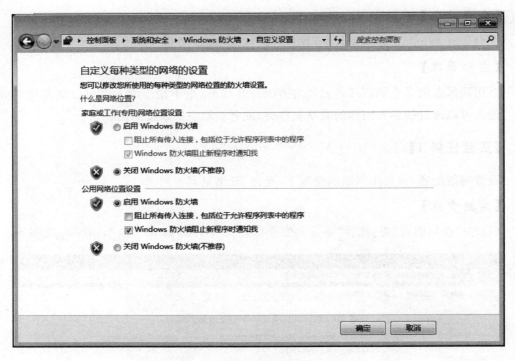

图 6-64　启动

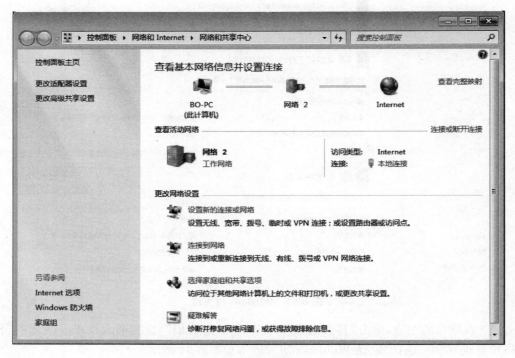

图 6-65　网络和共享中心

（4）在"设置网络位置"中，选择"公用网络"，如图 6-66 所示。

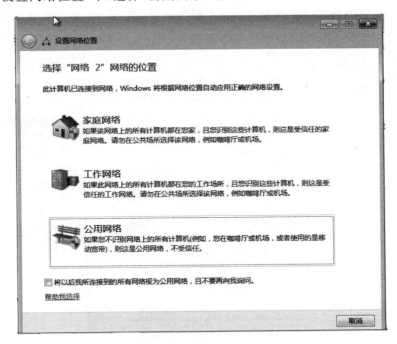

图 6-66　设置网络位置

（5）回到"Windows 防火墙"界面，如图 6-67 所示，在"公用网络"中有防火墙已经被启动，并且已经工作在公用网络下。

图 6-67　启　动

（6）在"高级安全 Windows 防火墙"设置中，右击"本地计算机上的高级安全 Windows 防火墙"，弹出菜单选择"属性"命令，在"公用配置文件"选项卡中配置防火墙的"入站连接"为"阻止"，"出站连接"为"允许"，如图 6-68 所示。

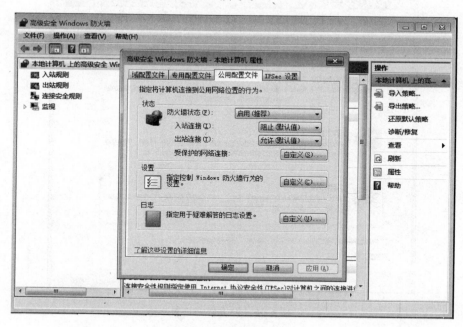

图 6-68　公用配置文件

（7）打开 IE 浏览器，测试网络是否连通，如图 6-69 所示，在公用网络下可以正常上网。

图 6-69　测试

【实验任务 2】

设置防火墙规则,在公用网络的情况下,用于实验的计算机 B 不能 ping 通本地计算机 A。

(1) 在"Windows 防火墙"界面中的左侧,单击"高级设置",出现"高级安全 Windows 防火墙",右击"出站规则",弹出"新建出站规则向导",如图 6-70 所示。

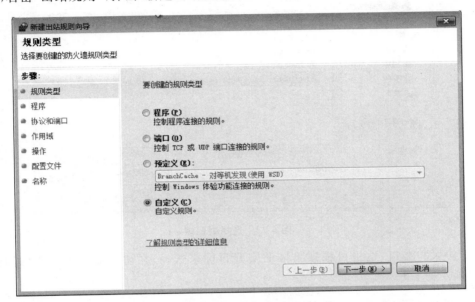

图 6-70　出站规则

(2) 选择"此程序路径",如图 6-71 所示。

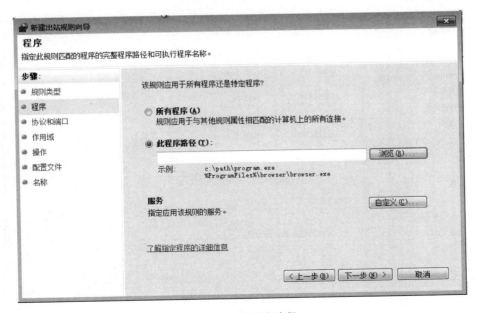

图 6-71　此程序路径

（3）选择浏览程序所在位置，这里选择 IE 浏览器，如图 6-72 所示。

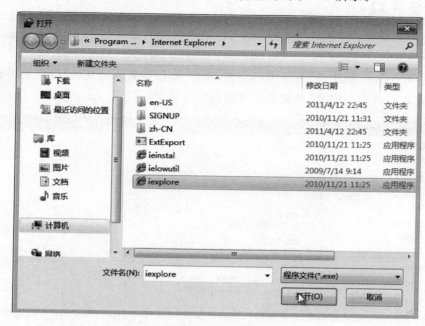

图 6-72　选择浏览器

（4）协议和端口，这里可根据具体的实验目标来选择，在协议类型中选择"任何"，如图 6-73 所示。

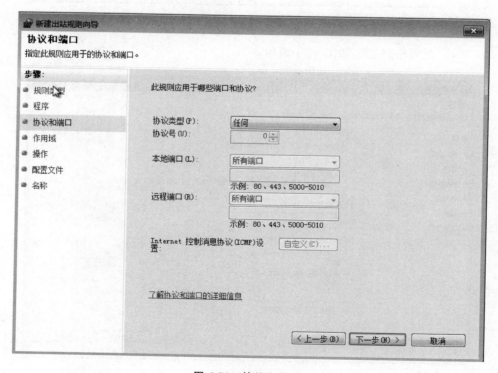

图 6-73　协议和端口

（5）指定要应用此规则的本地和远程 IP 地址,也可以根据不同的需求来指定,选择"任何 IP 地址",如图 6-74 所示。

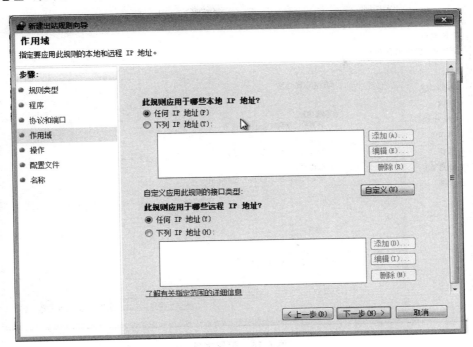

图 6-74　作用域

（6）连接符合指定条件的操作,在前面允许了所有不被阻止的程序通过防火墙的网络,在这里是要让 IE 浏览器不能通过防火墙访问外网,所以选择"阻止连接",如图 6-75 所示。

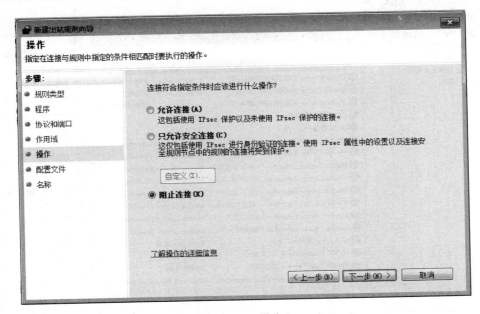

图 6-75　操作

（7）指定此规则应用的位置，因为配置的规则是要用于公用网络的，所以选择"公用"，如图 6-76 所示。

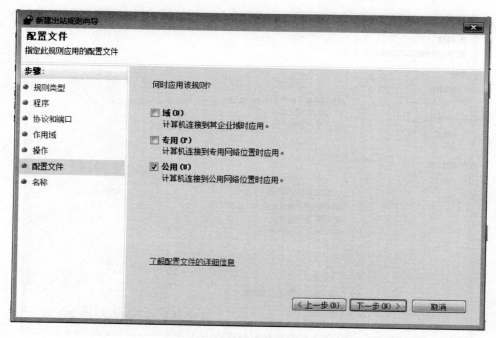

图 6-76　配置文件

（8）完成"出站规则"的配置，不允许 IE 浏览器通过防火墙，如图 6-77 所示。

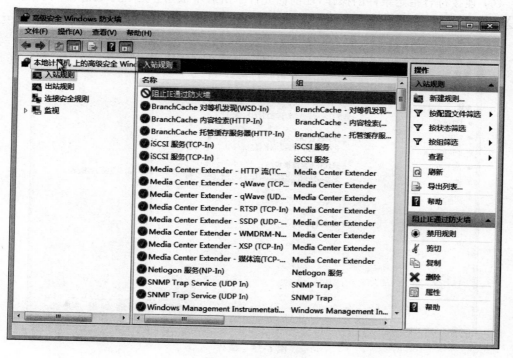

图 6-77　出站规则

（9）测试 IE 浏览器是否可以通过防火墙连接网络，如图 6-78 所示。

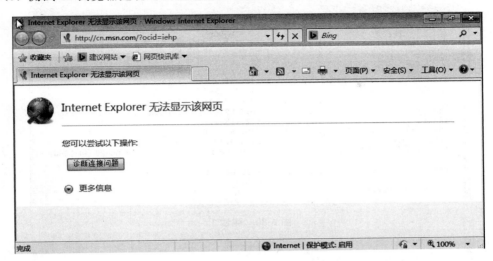

图 6-78　测试

（10）入站连接，这里选择"阻止"，如图 6-79 所示。

图 6-79　配置

（11）在命令行输入"ipconfig/all"，查看本机的 IP 地址，如图 6-80 所示。
（12）用计算机 B 进行 ping 测试，发现不能 ping 通计算机 A，如图 6-81 所示。

【实验任务 3】

配置"自定义"规则，使协议 ICMP 通过防火墙。

（1）配置自定义入站规则，使协议 ICMP 能够通过防火墙，如图 6-82 所示，配置自定义规则。

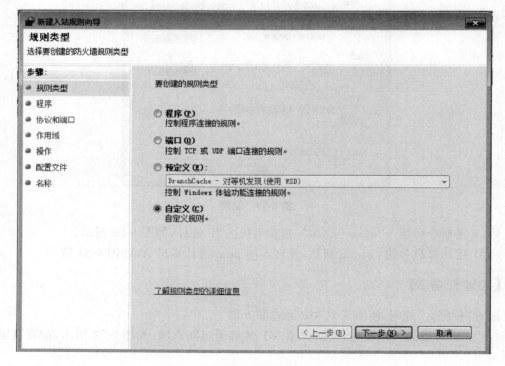

图 6-80 测试 1

图 6-81 测试 2

图 6-82 自定义规则

（2）选择"所有程序"，规则应用于与其他规则属性相匹配的计算机上的所有连接，如图 6-83 所示。

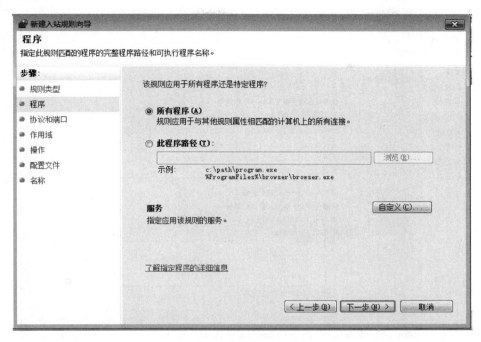

图 6-83　匹配程序

（3）协议和端口，端口选择"所有端口"，如图 6-84 所示。

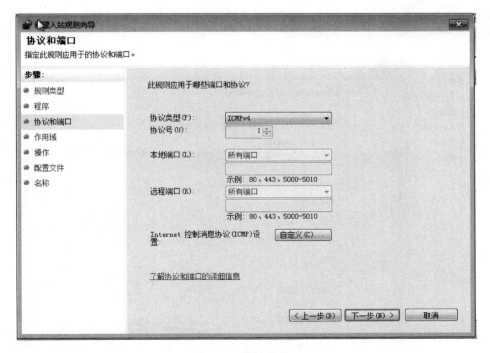

图 6-84　协议和端口

（4）选择将此规则应用于"任何 IP 地址"（实际应用中可根据具体 IP 来设定，一般允许访问规则以最小权限为准），如图 6-85 所示。

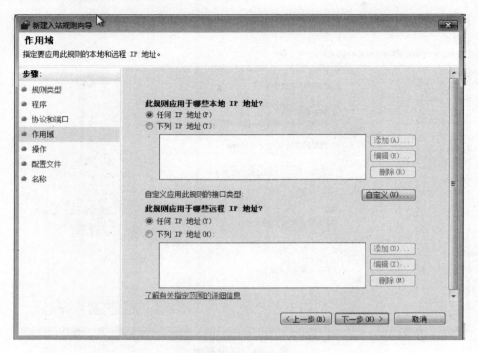

图 6-85　作用域

（5）选择"允许连接"，符合指定条件的连接，如图 6-86 所示。

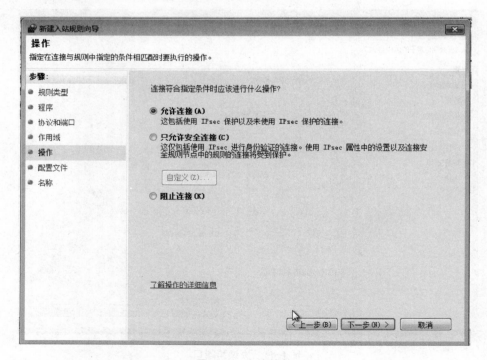

图 6-86　允许连接

（6）这里只做公用网络的实验，所以选择"公用"，如图 6-87 所示。

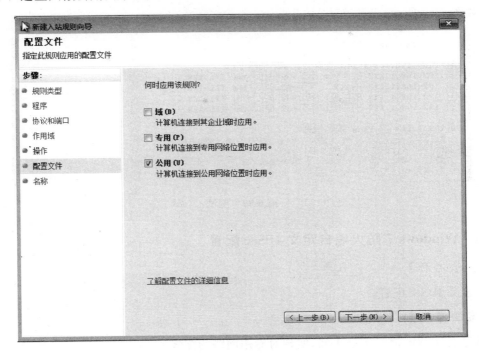

图 6-87 配置文件

（7）在入站规则中，可以看到刚加入的允许 ICMP 通过的规则，如图 6-88 所示。

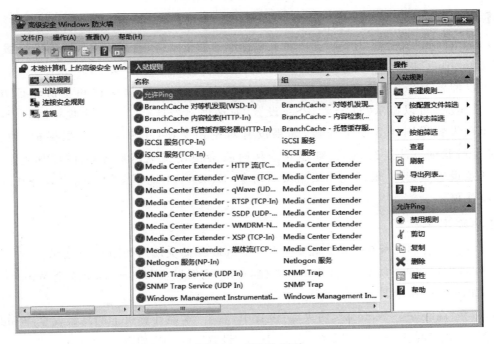

图 6-88 ICMP 规则

(8) 用计算机 B 再次进行 ping 测试,在计算机 A 上看到可以通过防火墙 ping 通计算机 A,如图 6-89 所示。

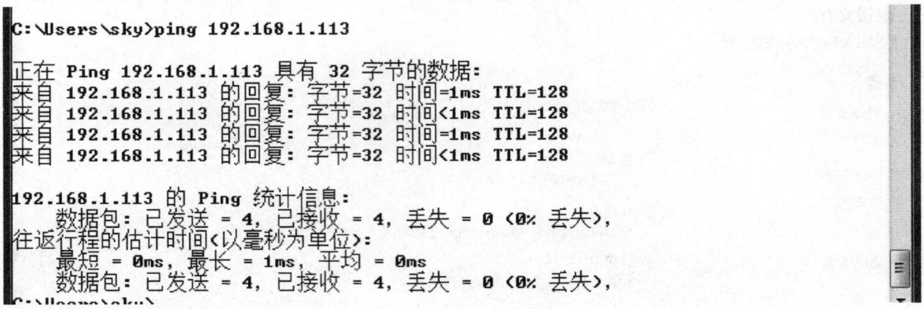

```
C:\Users\sky>ping 192.168.1.113

正在 Ping 192.168.1.113 具有 32 字节的数据:
来自 192.168.1.113 的回复: 字节=32 时间=1ms TTL=128
来自 192.168.1.113 的回复: 字节=32 时间<1ms TTL=128
来自 192.168.1.113 的回复: 字节=32 时间=1ms TTL=128
来自 192.168.1.113 的回复: 字节=32 时间<1ms TTL=128

192.168.1.113 的 Ping 统计信息:
    数据包: 已发送 = 4, 已接收 = 4, 丢失 = 0 (0% 丢失),
往返行程的估计时间(以毫秒为单位):
    最短 = 0ms, 最长 = 1ms, 平均 = 0ms
    数据包: 已发送 = 4, 已接收 = 4, 丢失 = 0 (0% 丢失),
C:\Users\sky>
```

图 6-89   测试

6.2.3   Windows 7 防火墙自定义 IPSec 配置

【实验名称】

自定义 IPSec 配置。

【实验目的】

通过设置 Windows 7 防火墙,实现对专用网络的配置。

【实验设备】

一台装有 Windows 7 操作系统,并且可以连接网络的 PC。

【实验原理】

Internet 协议安全性(IPSec)是一种开放标准的框架结构,通过使用加密的安全服务以确保在 Internet 协议(IP)网络上进行保密而安全的通信。

可以配置 IPSec 用来帮助保护网络流量的密钥交换、数据保护和身份验证方法。单击"自定义"可以显示"自定义 IPSec 设置"对话框。当具有活动安全规格时,IPSec 将使用该项设置规则建立安全连接,如果没有对密钥交换(主模式)、数据保护(快速模式)和身份验证方法进行指定,则建立连接时将会使用组策略对象(GPO)中优先级较高的任意设置,顺序:最高优先级组策略对象(GPO)→本地定义的策略设置→IPSec 设置的默认值。

【实验步骤】

(1) 打开"控制面板"→"系统和安全"→"Windows 防火墙",如图 6-90 所示。

(2) 在"Windows 防火墙"界面中的左侧,单击"高级设置",出现"高级安全 Windows 防火墙",如图 6-91 所示。

(3) 在"高级安全 Windows 防火墙"设置中,右击"本地计算机上的高级安全 Windows 防火墙",弹出菜单选择"属性"命令,选择"IPSec 设置"选项卡,如图 6-92 所示。

(4) 自定义 IPSec 设置,如图 6-93 所示。

图 6-90 设置防火墙

图 6-91 高级安全

图 6-92　IPSec 设置　　　　　　　　　　　　图 6-93　自定义

（5）密钥交换，添加安全方法，如图 6-94 所示。

（6）将添加的安全方法调整到第一位置，如图 6-95 所示。

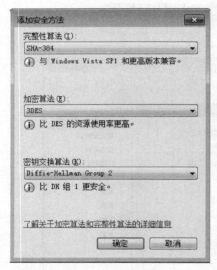

图 6-94　添加安全方法

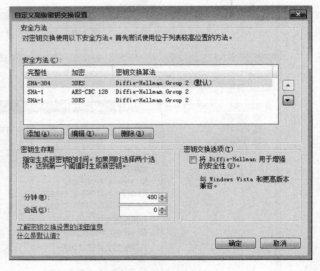

图 6-95　添加安全方法

（7）自定义"数据保护"模式，如图 6-96 所示。

（8）在数据完整性算法中选择算法，如图 6-97 所示。

（9）添加完整性算法，如图 6-98 所示，这里选择 ESP，为数据验证提供完整性。

（10）确定数据完整性加密，如图 6-99 所示。

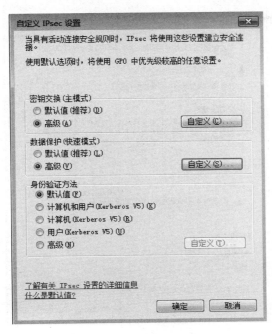

图 6-96　自定义设置

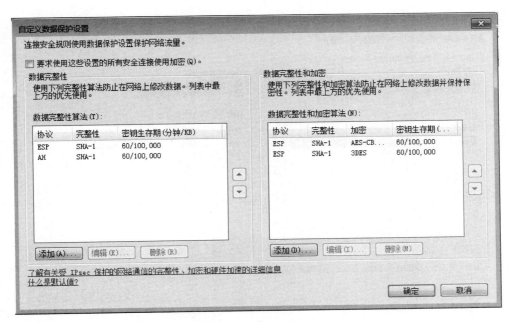

图 6-97　选择算法

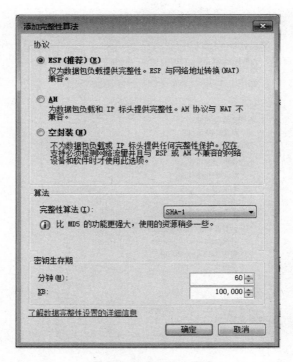

图 6-98　添加完整性算法

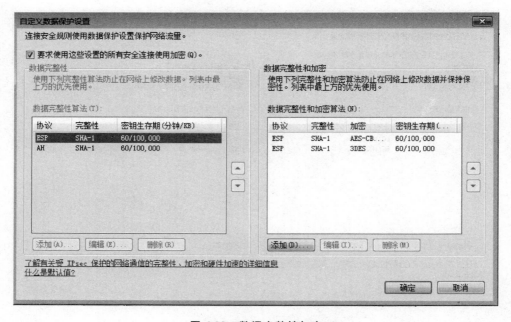

图 6-99　数据完整性加密

（11）设置"身份验证方法"，这里选择"高级"，并且选择"自定义"，如图 6-100 所示。

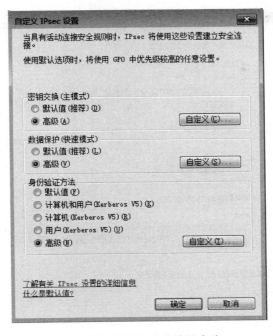

图 6-100　自定义身份验证方法

（12）在第一身份验证方法中单击"添加"按钮，进行身份验证设置，如图 6-101 所示。

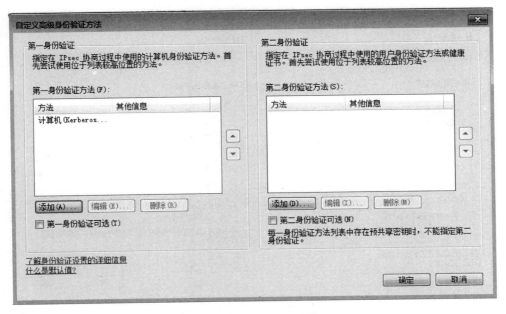

图 6-101　身份验证设置

（13）添加"预共享密钥"，如图 6-102 所示。

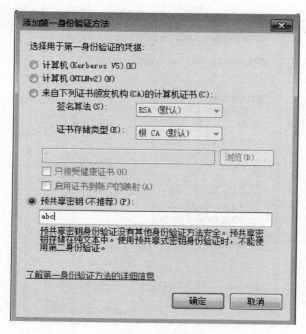

图 6-102　预共享密钥 1

（14）将"预共享的密钥"调整第一位，如图 6-103 所示。

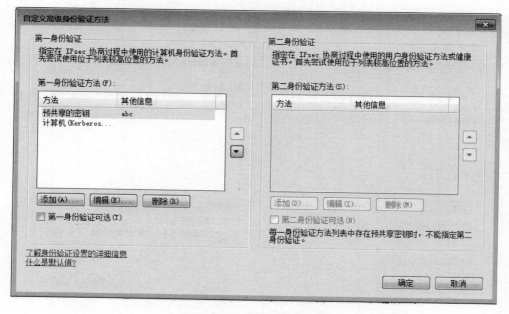

图 6-103　预共享密钥 2

（15）单击"确定"按钮，完成"自定义 IPsec 设置"，如图 6-104 所示。

6.2.4　Windows 7 防火墙 IPSec 隧道授权

【实验名称】

Windows 7 防火墙 IPSec 隧道授权。

【实验目的】

设置 Windows 7 防火墙，实现对 IPSec 隧道授权的配置。

【实验设备】

一台装有 Windows 7 操作系统，并且可以连接网络的 PC。

【实验拓扑】

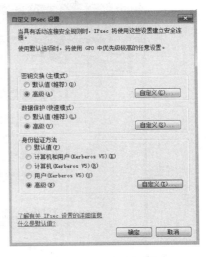

图 6-104　完成设置

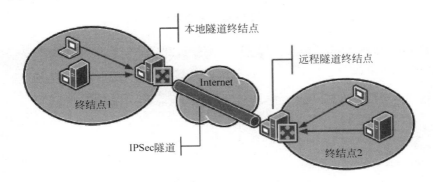

【实验原理】

IPSec 隧道为 IP 通信提供安全性。该隧道可配置为保护两个 IP 地址或两个 IP 子网之间的通信。如果在两台计算机而不是两个网关之间使用隧道，则 AH（Authentication Header，网络认证协议）或 ESP（Encapsulating Security Payload，封装安全载荷协议）有效负载之外的 IP 地址将与 AH 或 ESP 有效负载之内的 IP 地址相同。配置隧道的方法是，使用"IP 安全策略管理"和"组策略"控制台以配置并启用两个规则。

【实验步骤】

（1）打开"控制面板"→"系统和安全"→"Windows 防火墙"，如图 6-105 所示。

（2）在"高级安全 Windows 防火墙"设置中，右击"本地计算机上的高级安全 Windows 防火墙"，弹出菜单选择"属性"命令，选择"IPSec 设置"选项卡，如图 6-106 所示。

（3）在"IPSec 隧道授权"中选择"高级"，单击"自定义"按钮，如图 6-107 所示，设置授权计算机的连接。

（4）添加允许连接的计算机，如图 6-108 所示。

图 6-105　防火墙

图 6-106　IPSec 设置

图 6-107　IPSec 隧道授权

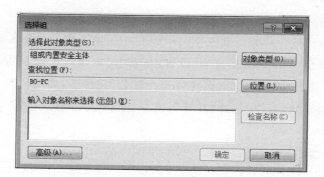

图 6-108　添加

（5）单击"高级"按钮，如图 6-109 所示。

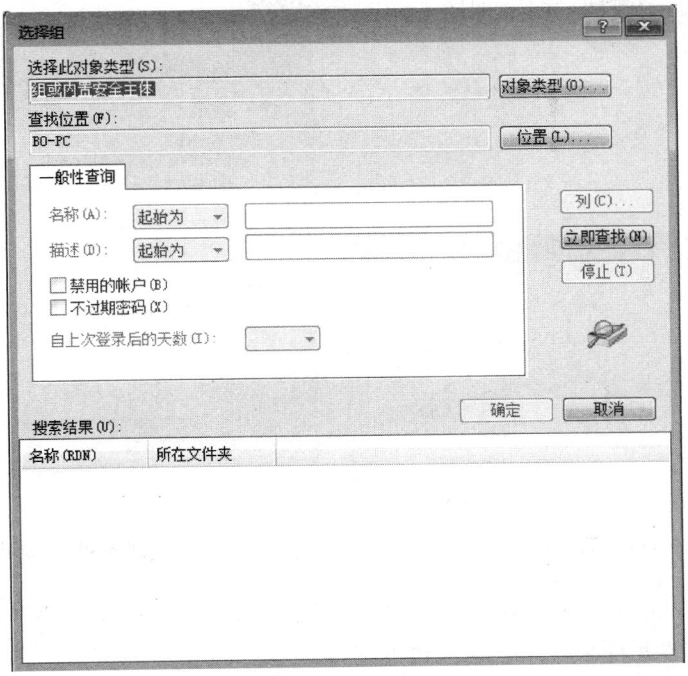

图 6-109　高级选项

（6）单击"立即查找"按钮，如图 6-110 所示。

图 6-110　查找用户

（7）选择对象名称，如图 6-111 所示。

（8）单击"确定"按钮，完成，如图 6-112 所示。

图 6-111　选择对象

图 6-112　确定

（9）在"IPSec 隧道授权"中选择"高级"，单击"自定义"按钮，打开"用户"选项卡，如图 6-113 所示，设置允许来自用户计算机的连接。

（10）添加允许连接的用户或组，如图 6-114 所示。

图 6-113　允许来自用户计算机的连接

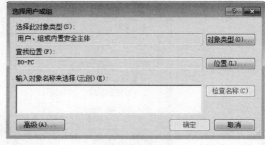

图 6-114　添加

（11）单击"高级"→"立即查找"，添加用户，如图 6-115 所示。

（12）单击"确定"按钮，完成，如图 6-116 所示。

6.2.5　Windows 7 防火墙 IPSec 配置

【实验名称】

Windows 7 防火墙 IPSec 配置

图 6-115　添加用户

图 6-116　确定

【实验目的】

设置 Windows 7 防火墙，实现对 IPSec 的配置。

【实验设备】

一台装有 Windows 7 操作系统，并且可以连接网络的 PC。

【实验原理】

Internet 协议安全性(IPSec)是一种开放标准的框架结构,通过使用加密的安全服务以确保在 Internet 协议(IP)网络上进行保密而安全的通信。

可以配置 IPSec 用来帮助保护网络流量的密钥交换、数据保护和身份验证方法。单击"自定义"可以显示"自定义 IPsec 设置"对话框。当具有活动安全规格时,IPSec 将使用该项设置规则建立安全连接,如果没有对密钥交换(主模式)、数据保护(快速模式)和身份验证方法进行指定,则建立连接时将会使用组策略对象(GPO)中优先级较高的任意设置,顺序:最高优先级组策略对象(GPO)→本地定义的策略设置→IPSec 设置的默认值。

【实验步骤】

(1) 在"开始"菜单中,打开"运行",输入"gpedit. msc",如图 6-117 所示。

图 6-117　输入命令

(2) 分别单击"Windows 设置"→"安全设置"→"IP 安全策略",如图 6-118 所示。

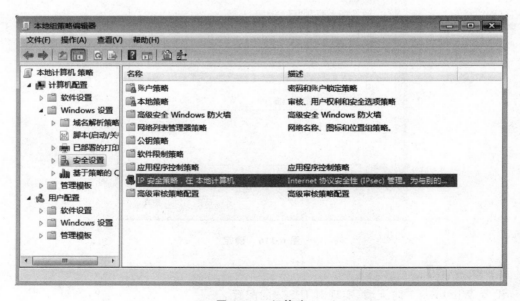

图 6-118　组策略

(3) 右键单击"IP 安全策略",右键单击"创建 IP 安全策略",弹出"IP 安全策略向导",如图 6-119 所示。

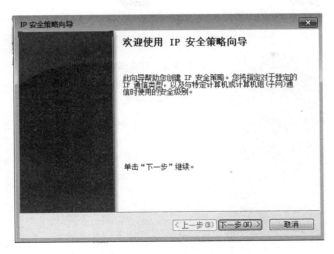

图 6-119　IP 安全策略向导 1

（4）为 IP 安全策略填写一个名称，如图 6-120 所示。

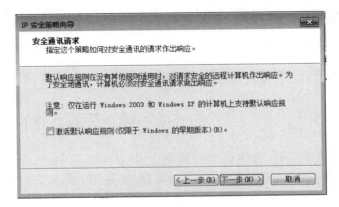

图 6-120　IP 安全策略向导 2

（5）单击"激活默认响应规则"，如图 6-121 所示。

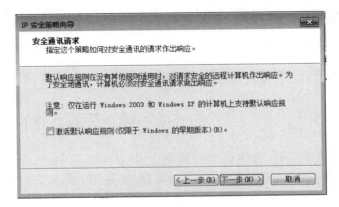

图 6-121　IP 安全策略向导 3

（6）单击"编辑属性"，单击"完成"按钮，完成了 IP 安全策略的新建，如图 6-122 所示。

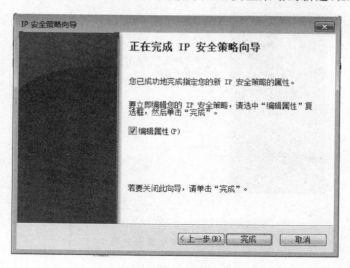

图 6-122　IP 安全策略向导 4

（7）编辑 IP 安全策略属性，取消勾选"使用'添加向导'"，如图 6-123 所示。

（8）单击"添加"按钮，出现添加新规则，如图 6-124 所示。

图 6-123　编辑安全策略

图 6-124　添加新规则 1

（9）在 IP 筛选器中，取消勾选"使用'添加向导'"，并添加 IP 筛选列表，如图 6-125 所示。

（10）添加 IP 筛选器，如图 6-126 所示，源地址选择为"任何 IP 地址"，目标地址为"我的 IP 地址"。

（11）在"协议"选项卡中，选择 ICMP，如图 6-127 所示。

（12）在"新规则属性"对话框中单击"筛选器操作"标签，取消勾选"使用'添加向导'"，如图 6-128 所示。

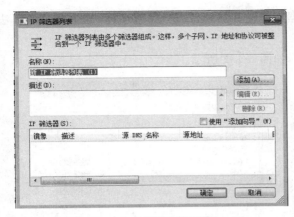

图 6-125　添加新规则 2

图 6-126　添加新规则 3

图 6-127　添加新规则 4

图 6-128　添加新规则 5

（13）单击"添加"按钮，添加一个新的筛选操作，如图 6-129 所示。

（14）单击"添加"按钮，新增安全方法并自定义安全方法，如图 6-130 所示。

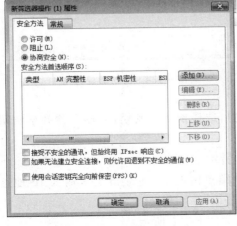

图 6-129　添加新规则 6

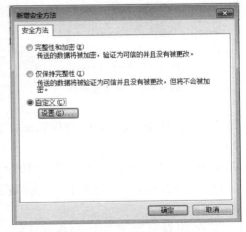

图 6-130　自定义安全方法 1

（15）选择自动以安全方法，选择"数据完整性和加密（ESP）完整性算法"中完整性算法
和加密算法的类型，如图 6-131 所示。

（16）单击"添加"按钮，添加安全方法，如图 6-132 所示。

图 6-131　自定义安全方法 2

图 6-132　自定义安全方法 3

（17）选择新建的筛选器操作，如图 6-133 所示。

（18）打开"身份验证方法"选项卡，添加身份验证方法的顺序，如图 6-134 所示。

图 6-133　筛选器操作

图 6-134　身份验证方法 1

（19）单击"添加"按钮，在"身份验证方法"中，选择预共享密钥，并输入预共享密钥，如
图 6-135 所示。

（20）将预共享密钥移至第一位，如图 6-136 所示。

（21）在"隧道设置"选项卡中，单击"隧道终结点由此 IP 地址指定"，输入 IP 地址，如
图 6-137 所示。

（22）在 IP 筛选器列表中，勾选新建的 test，如图 6-138 所示。

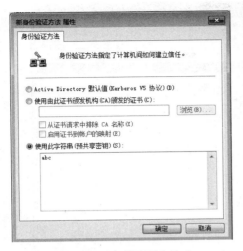

图 6-135　身份验证方法 2

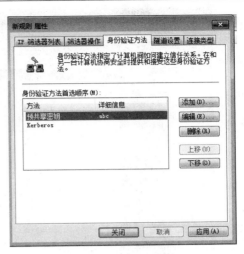

图 6-136　身份验证方法 3

图 6-137　遂道设置 1

图 6-138　遂道设置 2

（23）指派新建的 IP 安全策略，如图 6-139 所示。

6.2.6　Windows 7 连接安全规则

【实验名称】

Windows 7 连接安全规则。

【实验目的】

设置 Windows 7 防火墙，实现对 Windows 连接安全规则的配置。

【实验设备】

一台装有 Windows 7 操作系统，并且可以连接网络的 PC。

【实验原理】

连接安全包括在两台计算机开始通信之前对它们进行身份验证，并确保在两台计算机之间发送的信息的安全性。高级安全 Windows 防火墙使用 Internet 协议安全（IPsec）实现

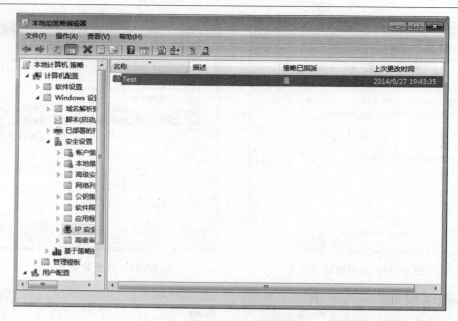

图 6-139　新派新建的 IP 安全策略

连接安全,方法是使用密钥交换、身份验证、数据完整性和数据加密。

【实验步骤】

(1) 打开"控制面板"→"系统和安全"→"Windows 防火墙",如图 6-140 所示。

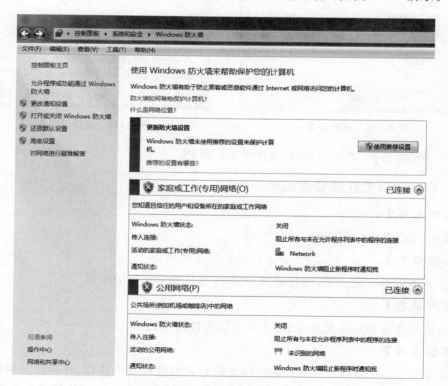

图 6-140　Windows 防火墙

（2）在"Windows 防火墙"界面中的左侧，有"连接安全规则"选项，配置一个安全规则，如图 6-141 所示。

图 6-141　配置

（3）右键单击"连接安全规则"，弹出菜单，单击"新建规则"命令，弹出"新建连接安全规则向导"，选择"自定义"规则，如图 6-142 所示。

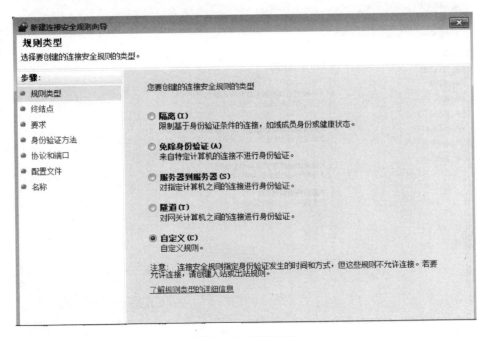

图 6-142　新建规则

（4）设置终结点，设置为"任何 IP 地址"，如图 6-143 所示。

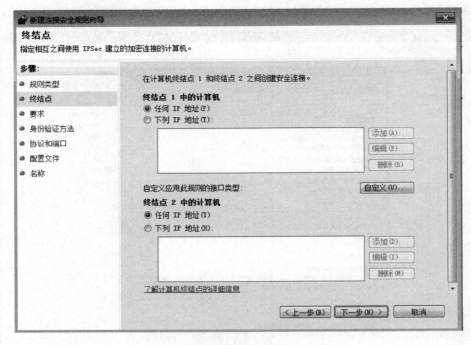

图 6-143　设置终结点

（5）设置进行身份验证的时间，选择"入站和出站连接请求身份验证"，如图 6-144 所示。

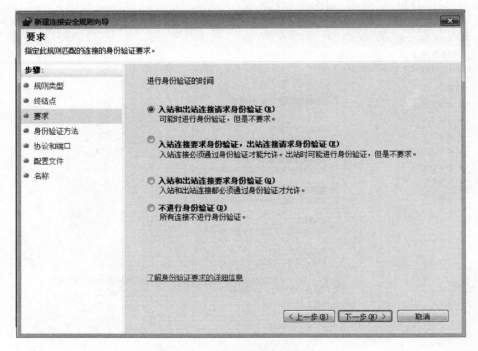

图 6-144　进行身份验证的时间

（6）设置身份验证方法，选择"高级"，并自定义配置，如图 6-145 所示。

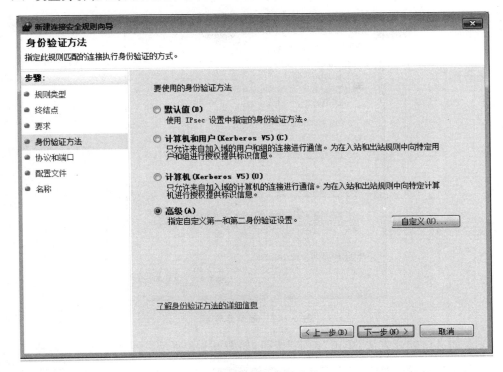

图 6-145　身份验证方法

（7）设置自定义高级安全验证方法，添加验证方法，如图 6-146 所示。

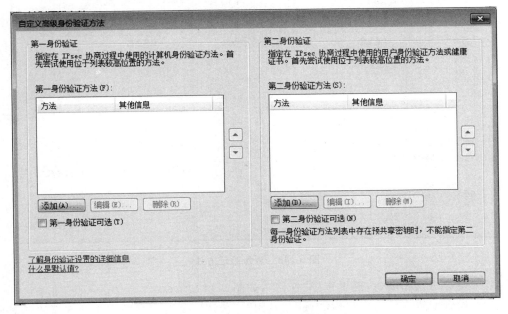

图 6-146　自定义高级安全验证方法

（8）添加预共享密钥，如图 6-147 所示。

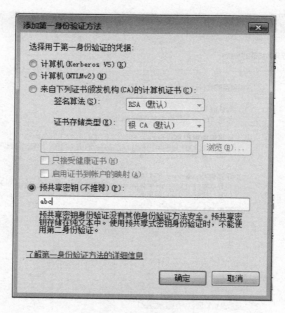

图 6-147　预共享密钥

（9）添加身份验证方法，单击"确定"按钮，如图 6-148 所示。

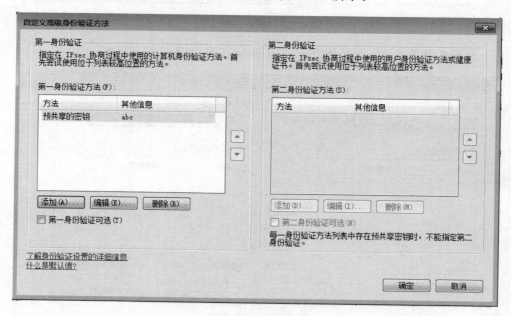

图 6-148　身份验证方法

（10）设置协议和端口，这里选择"任何"，如图 6-149 所示。

（11）设置配置文件，这里选择"域"、"专用"、"公用"，所有网络都应用此安全连接规则，如图 6-150 所示。

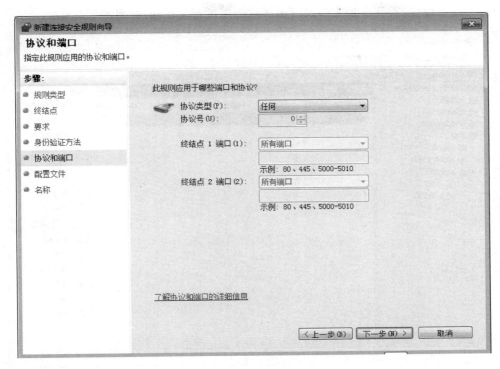

图 6-149 协议和端口

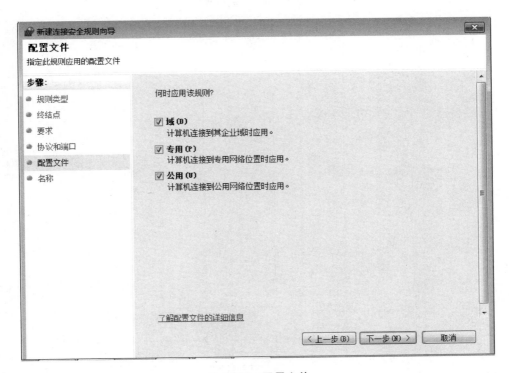

图 6-150 配置文件

（12）完成设置，看到连接安全规则中新建的连接安全规则，如图 6-151 所示。

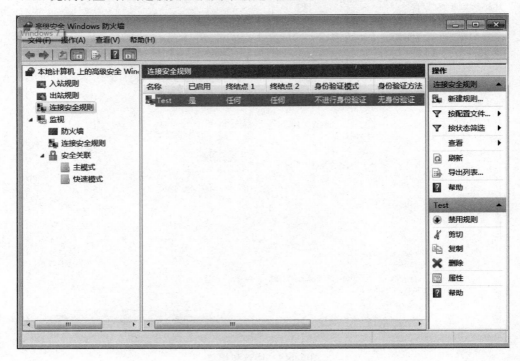

图 6-151　完成设置

第7章 Windows Server 2008 R2
服务器的安全配置

7.1 Windows Server 2008 R2 的安装

【实验名称】

Windows Sever 2008 R2 的安装。

(注意:只用于教学实验环节,不得用于商业行为)

【实验介绍】

  Windows Server 2008 R2 是一款服务器操作系统。同 2008 年 1 月发布的 Windows Server 2008 相比,Windows Server 2008 R2 继续提升了虚拟化、系统管理弹性、网络存取方式,以及信息安全等领域的应用,其中有不少功能需搭配 Windows 7。Windows Server 2008 R2 重要新功能包含:Hyper-V 加入动态迁移功能,作为最初发布版中快速迁移功能的一个改进;Hyper-V 将以毫秒计算迁移时间。Windows Server 2008 R2 是第一个只提供 64 位中文版本的服务器操作系统。

【实验设备】

硬件要求如下。

(1) CPU:建议 2GHz,最好 3GHz 及更快。

(2) 内存:建议 2GB RAM。如果安装的是 32 位的标准版,最多支持 4GB 内存;如果安装的是 64 位的标准版,最多支持 32GB 内存;如果是 64 位的企业版或者数据中心版,最多支持 2TB 内存。

(3) 磁盘:建议 40GB。

【实验步骤】

(1) 设置光盘启动为第一启动项。

  开机按 Delete 键(一般情况是这样,也有个别品牌存在差异)进入 BIOS 设置,如图 7-1 所示。

(2) 选择 Boot(启动项)菜单,选择 CD-ROM,如图 7-2 所示。

(3) 设置 CD-ROM 为第一启动项,如图 7-3 所示。

(4) 按 F10 键保存退出,如图 7-4 所示。

(5) 安装系统。按照提示,选择默认配置,如图 7-5 所示。

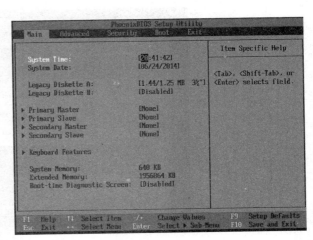

图 7-1   BIOS 设置 1

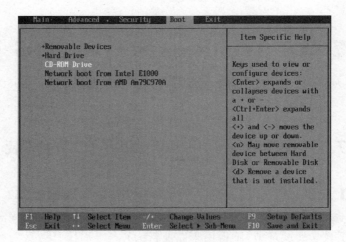

图 7-2　BIOS 设置 2

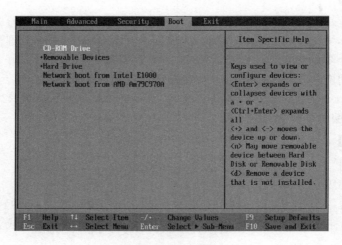

图 7-3　BIOS 设置 3

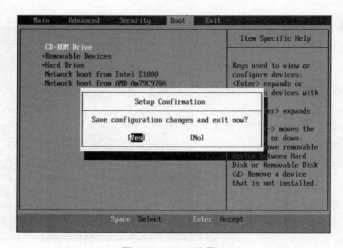

图 7-4　BIOS 设置 4

图 7-5　安装系统 1

（6）计算机重新启动后自动安装，如图 7-6 所示。

图 7-6　安装系统 2

（7）计算机自动安装所需功能，如图 7-7 所示。

图 7-7　安装系统 3

（8）计算机再次重新启动，重启后计算机会为系统第一启动使用默认配置，如图 7-8 所示。

图 7-8　安装系统 4

（9）安装完成后，进入系统界面，如图 7-9 所示。

图 7-9　安装系统 5

（10）Windows Server 2008 R2 默认的桌面上只有回收站图标，如图 7-10 所示。

图 7-10　安装系统 6

7.2   网络安全配置

7.2.1   网络的安全检测

【实验名称】

网络的安全检测。

【实验原理】

用命令行的方式,检测系统打开的程序。

【实验设备】

一台装有 Windows Server 2008 R2 系统
的计算机。

【实验步骤】

(1) 在"运行"对话框中输入"cmd",如
图 7-11 所示。

(2) 在 cmd.exe 程序下输入"netstat -an",
根据端口判断系统开启了哪些程序,如图 7-12
所示。

图 7-11   输入命令

图 7-12   查看

7.2.2   Web 网络安全的配置

【实验名称】

Web 网络安全的配置。

【实验目的】

发布一个安全的 Web 网站。

【实验设备】

一台装有 Windows Server 2008 R2 系统的计算机。

【实验原理】

通过对用户权限的设置,确保 Web 网站的安全。

【实验步骤】

(1) 在"开始"菜单中选择"管理工具",打开"服务器管理器",如图 7-13 所示。

图 7-13　服务器管理器

(2) 添加"角色",单击"下一步"按钮,如图 7-14 所示。

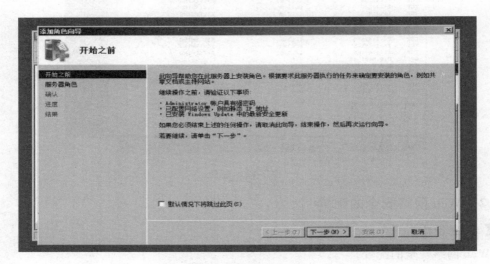

图 7-14　添加角色向导 1

（3）选择"Web 服务器(IIS)"，单击"下一步"按钮，如图 7-15 所示。

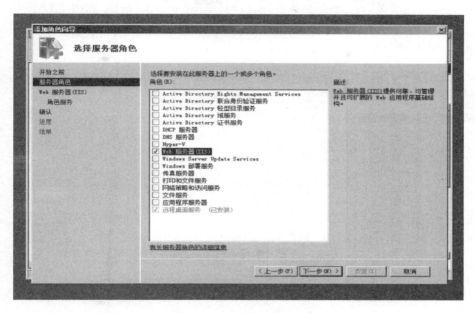

图 7-15　添加角色向导 2

（4）添加角色，出现"Web 服务器(IIS)简介"，单击"下一步"按钮，如图 7-16 所示。

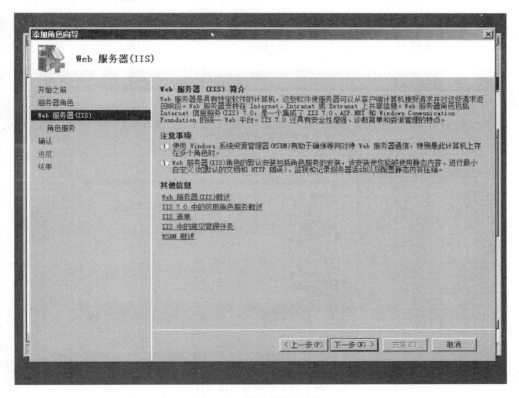

图 7-16　添加角色向导 3

（5）选择角色服务，在"Web 服务器"前打勾，单击"下一步"按钮，如图 7-17 所示。

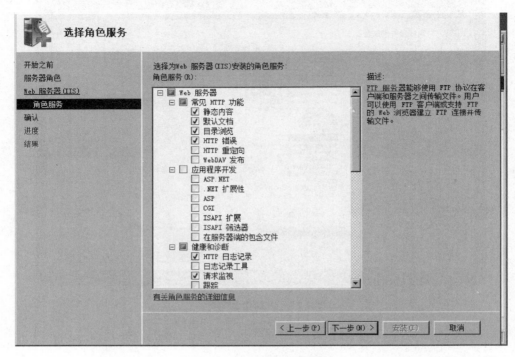

图 7-17　添加角色向导 4

（6）在确认界面中，单击"下一步"按钮，如图 7-18 所示。

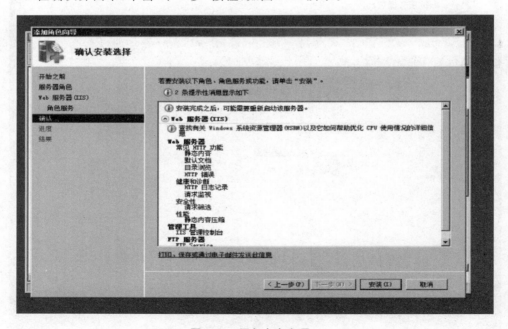

图 7-18　添加角色向导 5

（7）安装进度的界面，如图 7-19 所示。

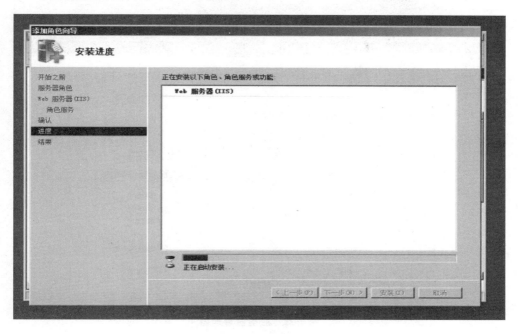

图 7-19　添加角色向导 6

（8）安装完成后，单击"关闭"按钮，如图 7-20 所示。

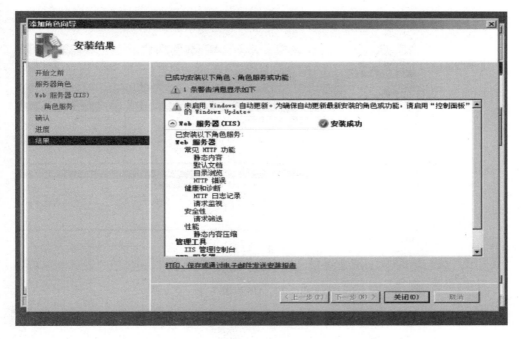

图 7-20　完成

（9）返回"服务器管理器"的界面，如图 7-21 所示。

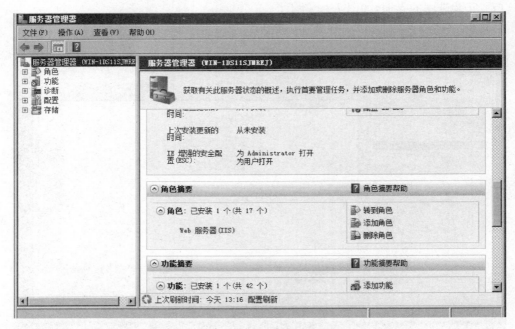

图 7-21　服务器管理器

（10）在左侧的控制台中，展开"角色"→"Web 服务器（IIS）"，单击"Internet 信息服务（IIS）"，如图 7-22 所示。

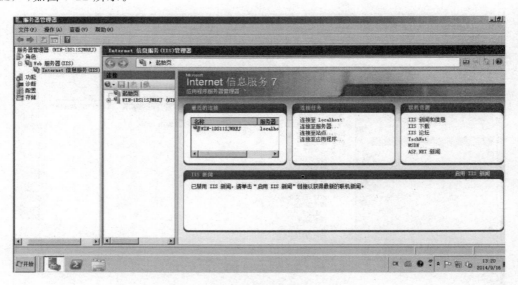

图 7-22　IIS 设置 1

（11）右键单击"网站"，选择"添加网站"命令，如图 7-23 所示。

（12）输入网站名称，指定物理路径，指定 IP 地址、端口（网站名称、物理路径、IP 地址、端口是根据实际情况由自己定义），单击"确定"按钮，如图 7-24 所示。

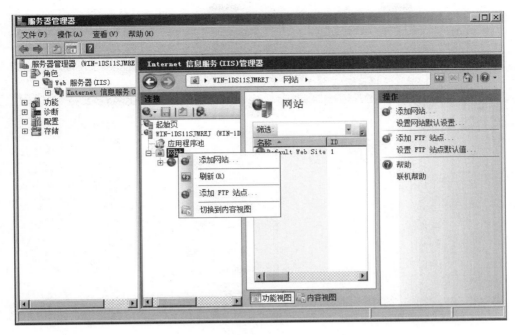

图 7-23　IIS 设置 2

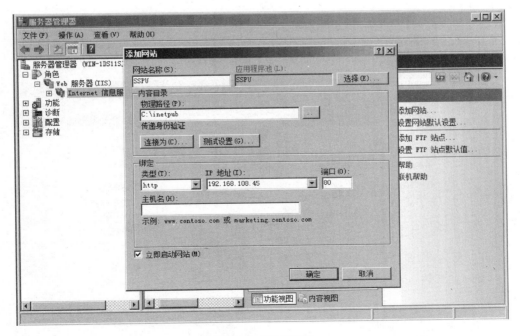

图 7-24　IIS 设置 3

（13）在"服务器管理器"中，看到刚刚添加的 SSPU Web 服务，如图 7-25 所示。

图 7-25 IIS 设置 4

（14）单击 SSPU，在右侧的"操作"界面中，单击"基本设置"，弹出对话框，打开"安全"选项卡，如图 7-26 所示。

图 7-26 IIS 设置 5

（15）在"组或用户名"中，单击"编辑"按钮，如图 7-27 所示。

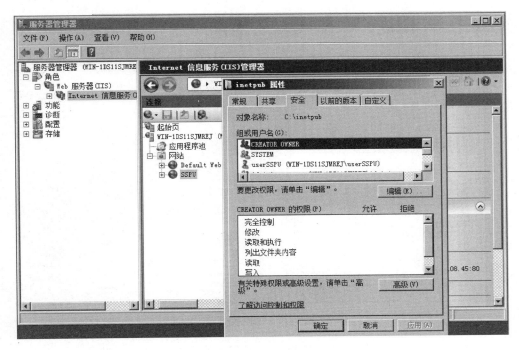

图 7-27　IIS 设置 6

（16）可以修改每个用户的权限，也可以删除用户、添加用户，单击"添加"按钮，如图 7-28 所示。

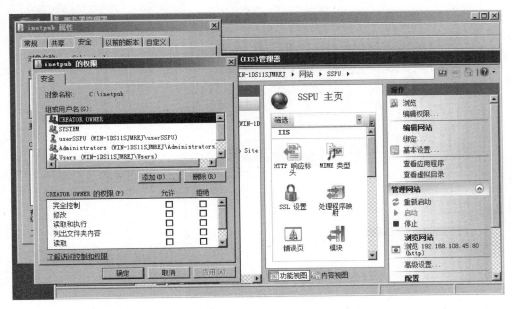

图 7-28　用户权限 1

（17）单击"高级"按钮，如图 7-29 所示。

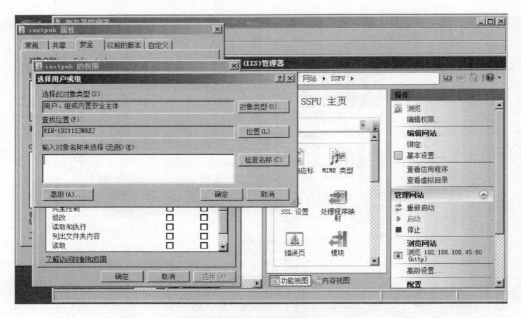

图 7-29　用户权限 2

（18）单击"立即查找"按钮，选择用户 userSSPU，如图 7-30 所示。

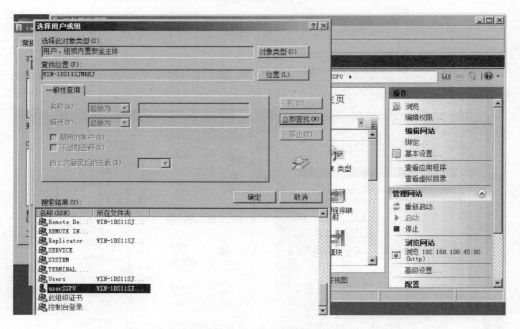

图 7-30　用户权限 3

（19）单击"确定"按钮，如图 7-31 所示。

（20）在权限列表中，可以修改用户的权限。需要赋给用户什么权限就在权限前打勾。单击"确定"按钮，如图 7-32 所示。

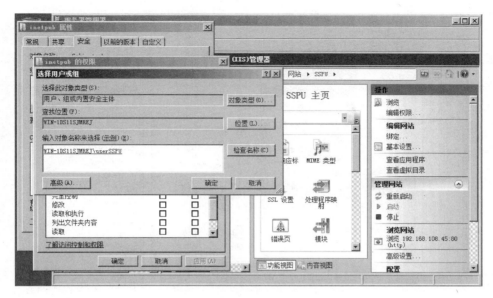

图 7-31　用户权限 4

图 7-32　用户权限 5

（21）Web 服务器配置完成，如图 7-33 所示。

7.2.3　FTP 网络安全的配置

【实验名称】

FTP 网络安全的配置。

【实验目的】

实现文件传输的安全。

图 7-33　配置完成

【实验设备】

一台装有 Windows Server 2008 R2 系统的计算机。

【实验原理】

通过对用户权限的设置,确保 FTP 站点的安全。

【实验步骤】

(1) 在"开始"菜单中单击"管理工具",打开"服务器管理器",如图 7-34 所示。

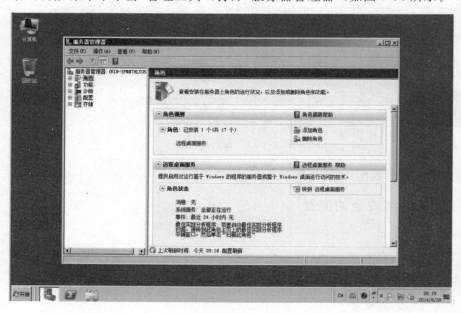

图 7-34　FTP 配置 1

（2）添加"角色"，单击"下一步"按钮，如图 7-35 所示。

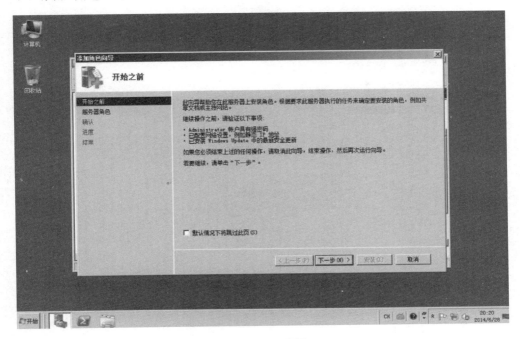

图 7-35　FTP 配置 2

（3）选择"Web 服务器(IIS)"，单击"下一步"按钮，如图 7-36 所示。

图 7-36　FTP 配置 3

（4）添加角色，出现"Web 服务器(IIS)简介"，单击"下一步"按钮，如图 7-37 所示。

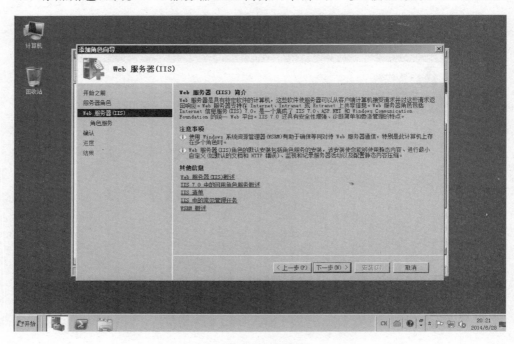

图 7-37　FTP 配置 4

（5）选择角色服务，勾选"FTP 服务器"复选框，单击"下一步"按钮，如图 7-38 所示。

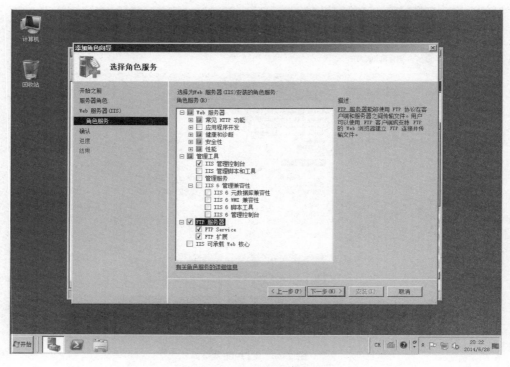

图 7-38　FTP 配置 5

（6）在确认界面中，单击"下一步"按钮，如图 7-39 所示。

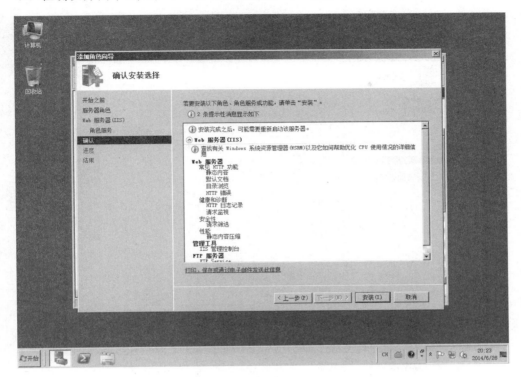

图 7-39　FTP 配置 6

（7）安装进度的界面，如图 7-40 所示。

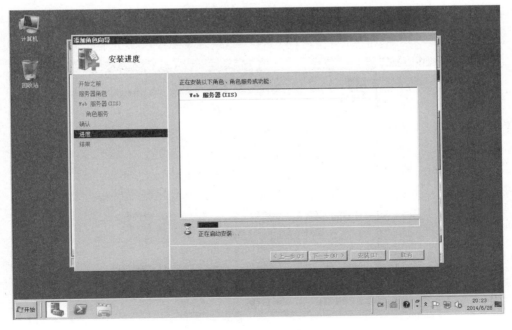

图 7-40　FTP 配置 7

（8）安装完成后，单击"关闭"按钮，如图 7-41 所示。

图 7-41　FTP 配置 8

（9）返回"服务器管理器"的界面，如图 7-42 所示。

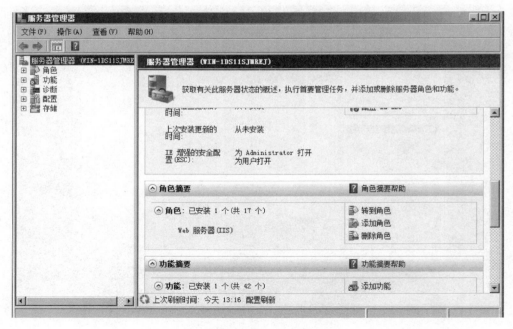

图 7-42　FTP 配置 9

（10）在左侧的控制台中，展开"角色"→"Web 服务器（IIS）"，单击"Internet 信息服务（IIS）"，如图 7-43 所示。

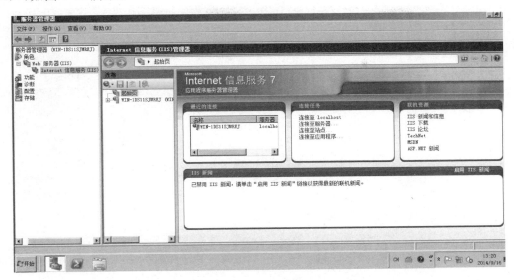

图 7-43　FTP 配置 10

（11）右键单击"网站"，选择"添加 FTP 站点"命令，如图 7-44 所示。

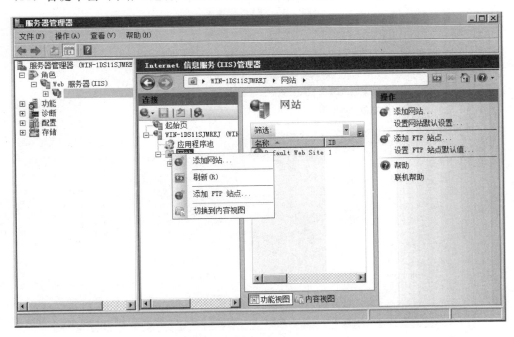

图 7-44　FTP 配置 11

（12）输入 FTP 站点名称，指定物理路径，单击"确定"按钮，如图 7-45 所示。

（13）为 FTP 站点绑定 IP 地址，选择 SSL 认证为"无"（如果选择"允许"，需要安装 CA，即电子认证授权），如图 7-46 所示。

图 7-45　FTP 配置 12

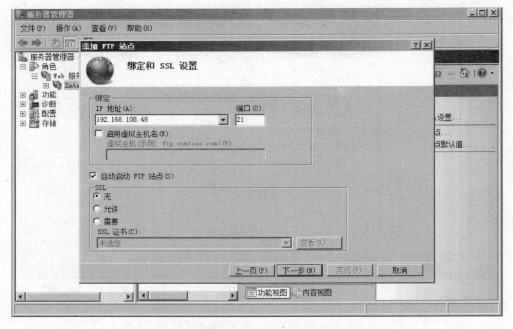

图 7-46　FTP 配置 13

（14）选择身份验证、允许访问的对象、权限，如图 7-47 所示。

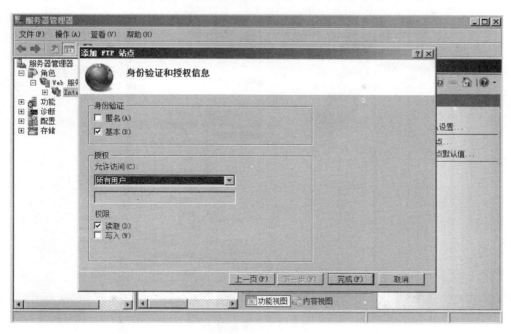

图 7-47　FTP 配置 14

（15）在服务器管理器中，看到刚添加的 SSPU FTP 服务，如图 7-48 所示。

图 7-48　FTP 配置 15

（16）单击 SSPU，在右侧的"操作"界面中，单击"基本设置"，弹出对话框，打开"安全"选项卡，如图 7-49 所示。

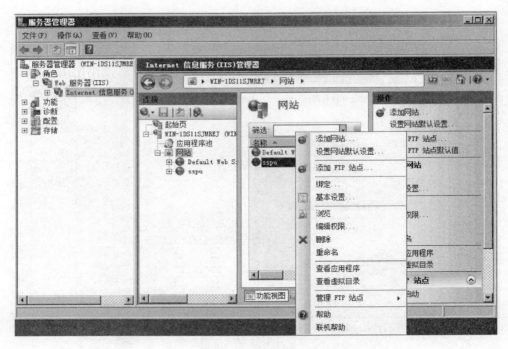

图 7-49　FTP 配置 16

（17）更改"组或用户名"的权限，单击"编辑"按钮，如图 7-50 所示。

图 7-50　FTP 配置 17

（18）在权限修改的界面中，可以修改每个用户的权限，也可以删除用户、添加用户，单击"添加"按钮，如图 7-51 所示。

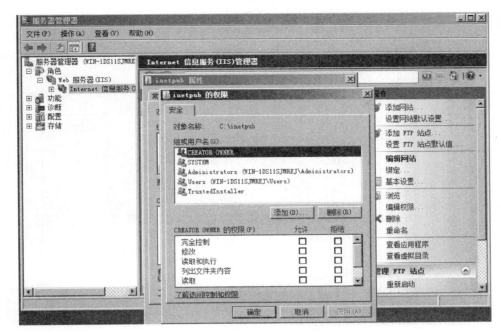

图 7-51　FTP 配置 18

(19) 单击"高级"按钮，如图 7-52 所示。

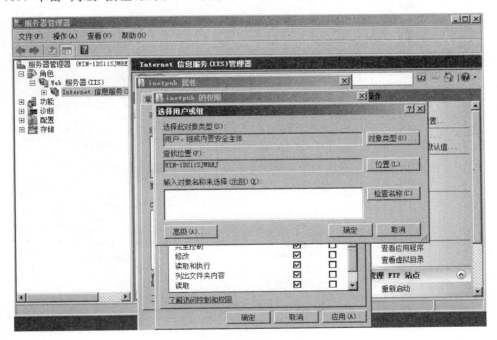

图 7-52　FTP 配置 19

(20) 单击"立即查找"按钮，选择用户 userSSPU，如图 7-53 所示。

(21) 在"组或用户名"列表里，看到 userSSPU 用户，如图 7-54 所示。

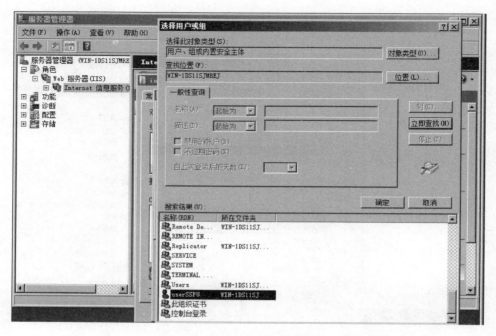

图 7-53　FTP 配置 20

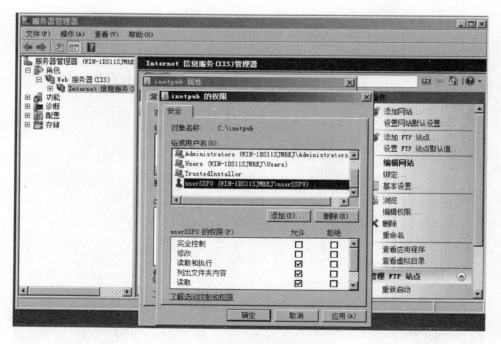

图 7-54　FTP 配置 21

（22）在权限列表中，可以修改用户的权限。需要赋给用户什么权限就在权限前打勾。
单击"确定"按钮，如图 7-55 所示。

（23）FTP 服务器配置完成，如图 7-56 所示。

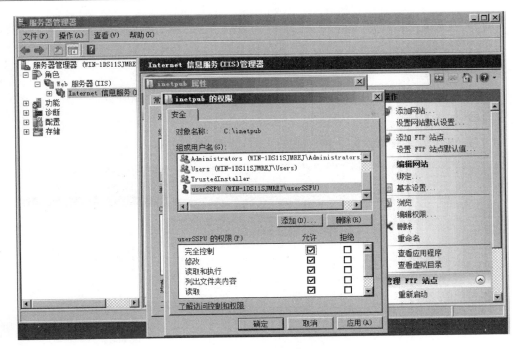

图 7-55　FTP 配置 22

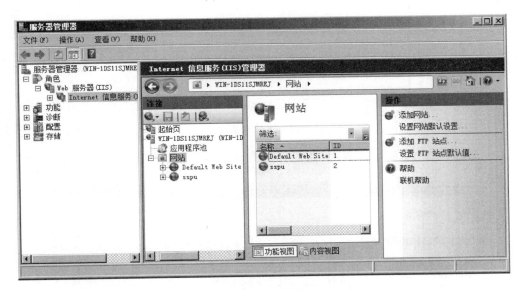

图 7-56　FTP 配置 23

7.2.4　远程桌面的安装与安全配置

【实验名称】

远程桌面的安装与安全配置。

【实验目的】

开启远程桌面功能，通过设置为远程桌面提供安全的保障。

【实验设备】

一台装有 Windows Server 2008 R2 系统的计算机,一台用于测试的计算机。

【实验原理】

利用 Windows 系统内置的安全通道,对远程桌面进行管理和配置。

【实验步骤】

(1) 进入"服务器管理器",单击"角色"选项,如图 7-57 所示。

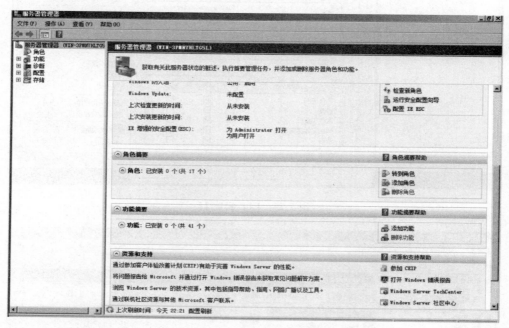

图 7-57　远程桌面配置 1

(2) 出现"添加角色向导"界面,如图 7-58 所示。

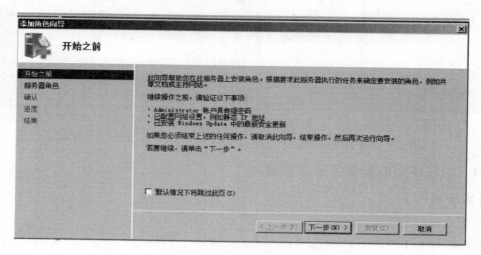

图 7-58　远程桌面配置 2

（3）显示"选择服务器角色"界面，选择"远程桌面服务"，如图 7-59 所示。

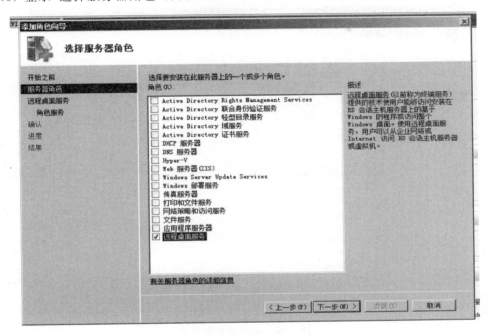

图 7-59　远程桌面配置 3

（4）"远程桌面服务"的介绍界面如图 7-60 所示。

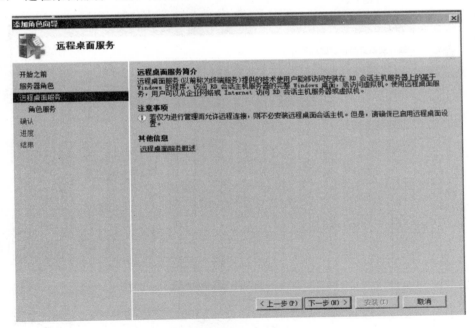

图 7-60　远程桌面配置 4

　　（5）在"添加角色服务"界面中，在角色服务中选择"远程桌面会话主机"，如图 7-61 所示。

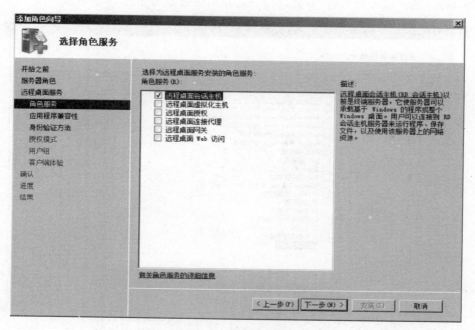

图 7-61　远程桌面配置 5

（6）在安装远程桌面程序之前，需要卸载与它不兼容的程序，在卸载之后系统会自动重新安装，解决兼容性问题，如图 7-62 所示。

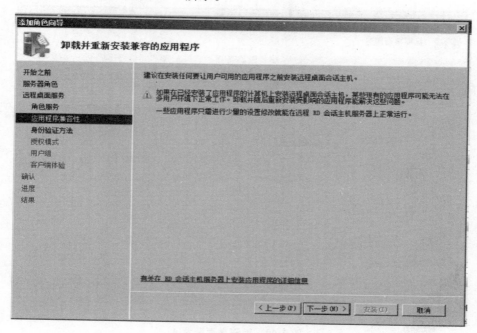

图 7-62　远程桌面配置 6

（7）指定授权模式，Windows Server 2008 R2 是服务器系统，它可以作为交互式的验证，所以要给它指定授权模式，以实验为目的，选择默认值，如图 7-63 所示。

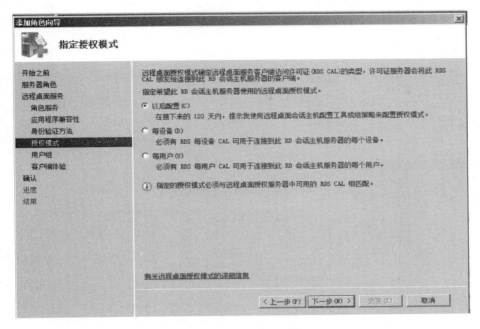

图 7-63　远程桌面配置 7

（8）为此服务器选择会话的用户或用户组，选择默认（或者单击"添加"按钮，选择其他的用户或用户组），如图 7-64 所示。

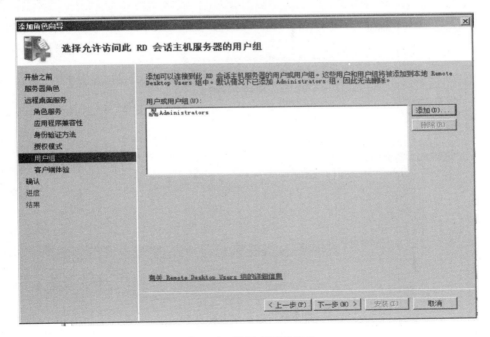

图 7-64　远程桌面配置 8

（9）配置客户端体验,在远程时会用什么方式交互,选择默认值(即什么都不选),如图 7-65 所示。

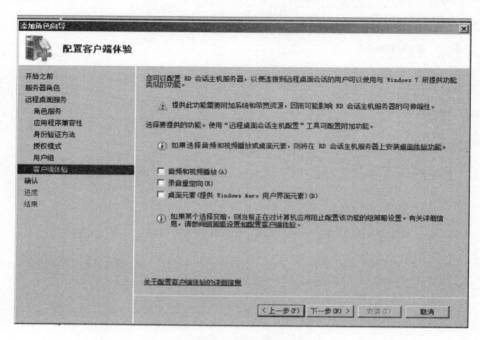

图 7-65　远程桌面配置 9

（10）确认安装选择界面如图 7-66 所示。

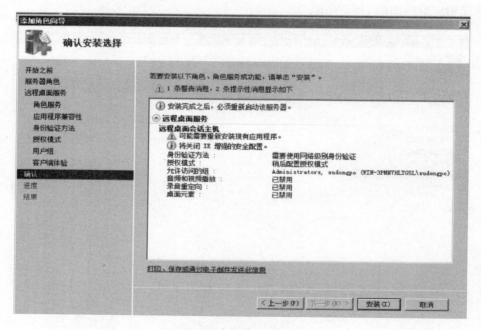

图 7-66　远程桌面配置 10

（11）安装进度界面如图 7-67 所示。

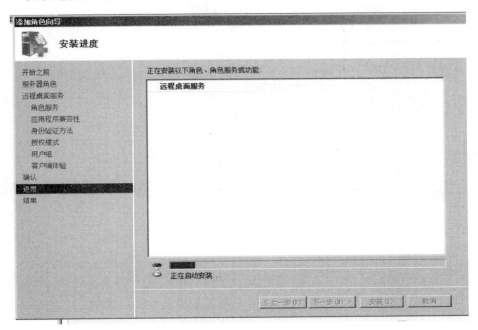

图 7-67 远程桌面配置 11

（12）安装完成，如图 7-68 所示。

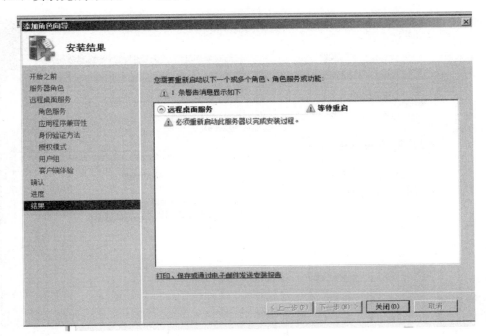

图 7-68 远程桌面配置 12

（13）安装完成后，系统需要重启，单击"是"按钮，立即重启，如图 7-69 所示。

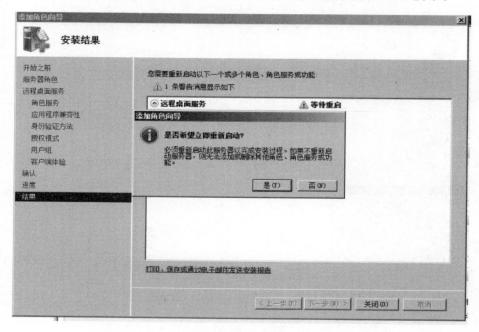

图 7-69　远程桌面配置 13

（14）系统重启后，出现安装结果，单击"关闭"按钮，如图 7-70 所示。

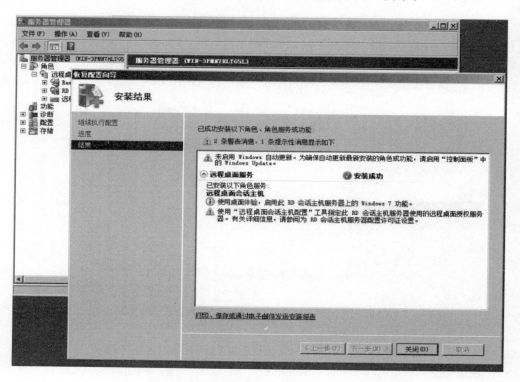

图 7-70　远程桌面配置 14

（15）使用另外一台机器进行测试，打开远程桌面连接的界面，输入服务器的 IP 地址，单击"连接"按钮，如图 7-71 所示。

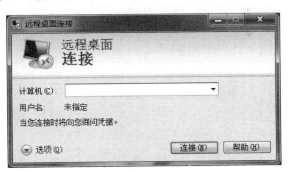

图 7-71　远程桌面配置 15

（16）需要安全认证，输入用户名、密码，如图 7-72 所示。

图 7-72　远程桌面配置 16

（17）出现提示，需要安装远程桌面的证书，单击"是"按钮，如图 7-73 所示。

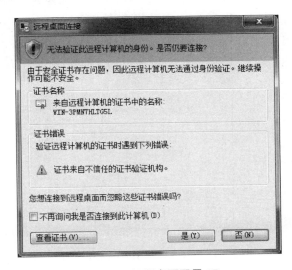

图 7-73　远程桌面配置 17

（18）在"证书"对话框中，单击"安装证书"按钮，如图 7-74 所示。

图 7-74　远程桌面配置 18

（19）单击"安装证书"按钮后，出现"证书导入向导"界面，单击"下一步"按钮，如图 7-75 所示。

图 7-75　远程桌面配置 19

（20）证书从服务器中下载后，要导入到本机的浏览器中，需要指定存放的区域，在这里选择"根据证书类型，自动选择证书存储"，单击"下一步"按钮，如图 7-76 所示。

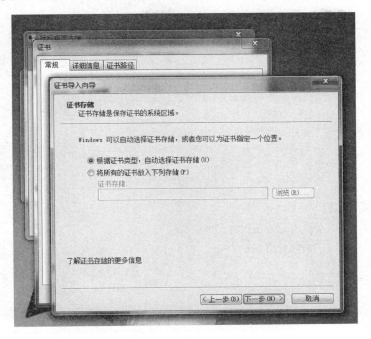

图 7-76　远程桌面配置 20

（21）证书安装完成，如图 7-77 所示。

图 7-77　远程桌面配置 21

（22）单击"完成"按钮后，系统就会自动进入服务器，如图 7-78 所示。

图 7-78　远程桌面配置 22

（23）进入服务器桌面，如图 7-79 所示。

图 7-79　远程桌面配置 23

（24）打开"服务器管理器"，打开"远程桌面服务管理器"，可以看到当前与这台服务器会话的用户，如图 7-80 所示。

图 7-80　远程桌面配置 24

7.3　Windows Server 2008 R2 自带防火墙的配置

7.3.1　自带防火墙的基本设置

【实验名称】

自带防火墙的基本设置。

【实验目的】

熟练掌握 Windows Server 2008 R2 系统内置的防火墙。

【实验设备】

一台装有 Windows Server 2008 R2 系统的计算机。

【实验步骤】

（1）打开"控制面板"里的"Windows 防火墙"，单击左侧栏中的"打开或关闭 Windows 防火墙"，如图 7-81 所示。

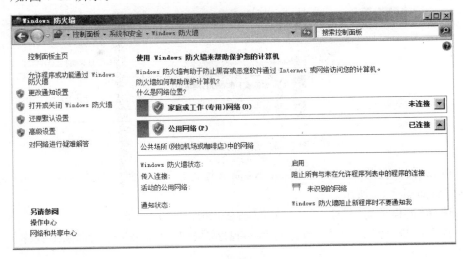

图 7-81　自带防火墙主设置 1

（2）在"自定义设置"面板中,可以自定义防火墙的启用和关闭,如图7-82所示。

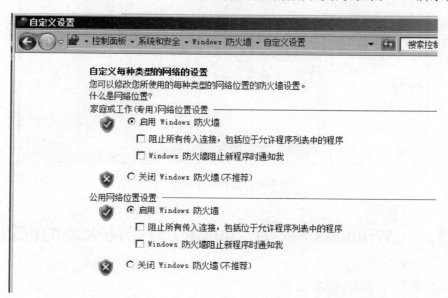

图 7-82　自带防火墙主设置 2

（3）单击左侧栏中的"允许程序或功能通过 Windows 防火墙",如图 7-83 所示。

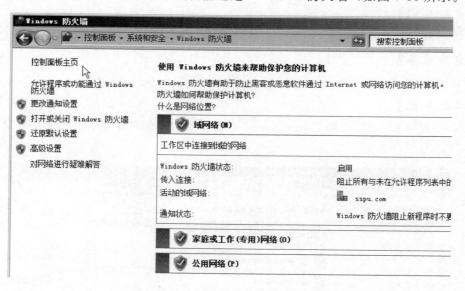

图 7-83　自带防火墙主设置 3

（4）可以看到"允许程序通过 Windows 防火墙通信"的界面。勾选程序,就可以允许其通过防火墙,如图 7-84 所示。

（5）选择"远程桌面"程序,单击"确定"按钮,如图 7-85 所示。

（6）在上一步,如果单击"允许运行另一程序"按钮,那么就会出现"添加程序"的界面,如图 7-86 所示。

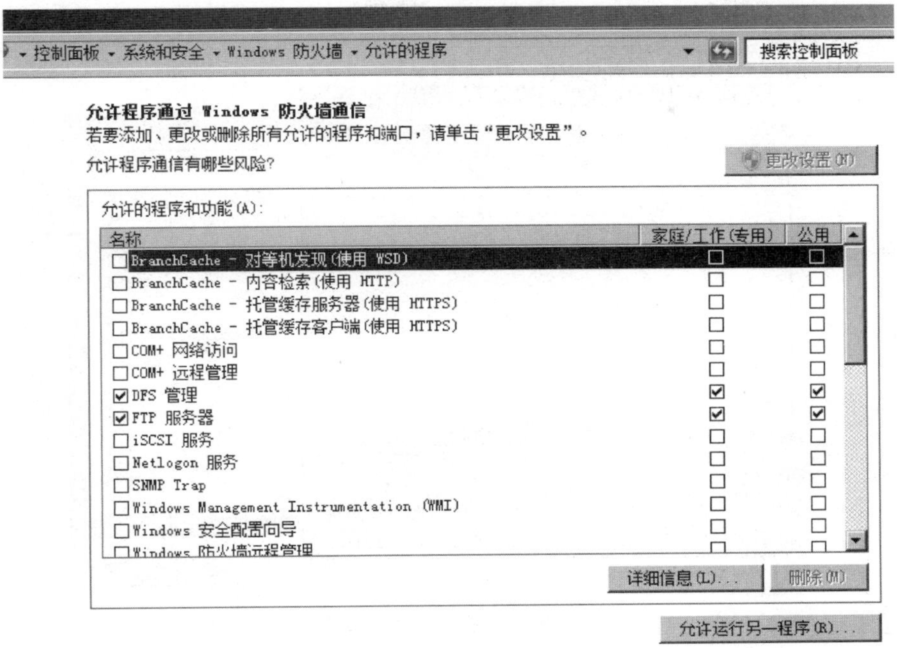

图 7-84　自带防火墙主设置 4

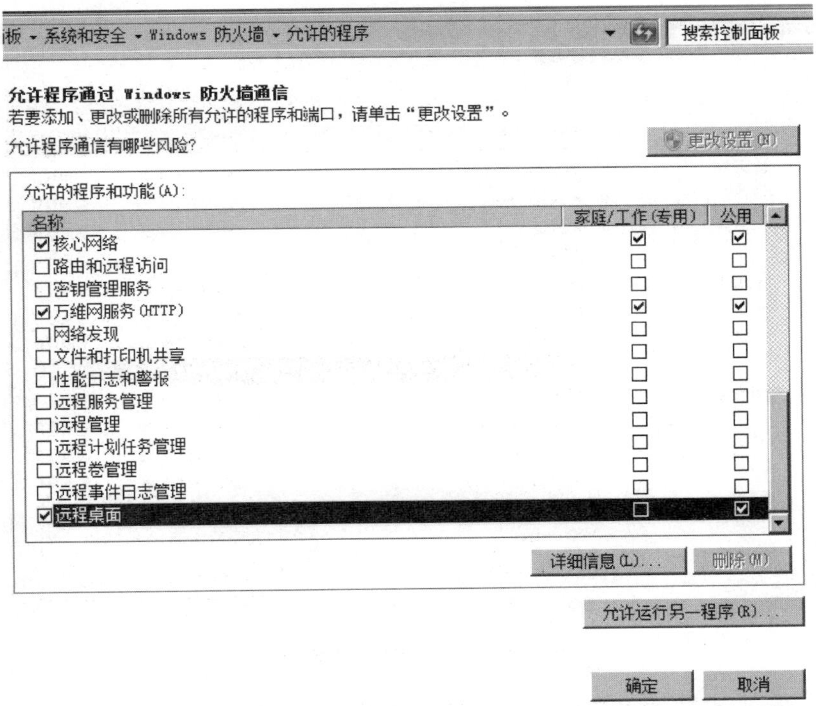

图 7-85　自带防火墙主设置 5

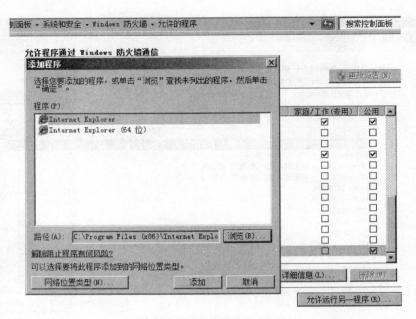

图 7-86　自带防火墙主设置 6

（7）单击"浏览"按钮，选择程序（例如 mstsc，这个是远程桌面的应用程序），如图 7-87 所示。

图 7-87　自带防火墙主设置 7

（8）上一步选择的"远程桌面连接"程序，会出现在"允许程序通过 Windows 防火墙通信"界面中，如图 7-88 所示。

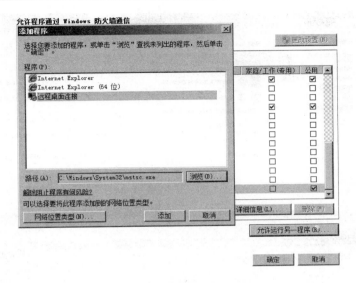

图 7-88　自带防火墙主设置 8

7.3.2　IPSec 网络安全的配置

【实验名称】

IPSec 网络安全的配置。

【实验目的】

设置 Windows Server 2008 R2 系统内置的防火墙,实现对 IPSec 的网络安全配置。

【实验设备】

一台装有 Windows Server 2008 R2 系统的计算机。

【实验原理】

IPSec 连接安全规则允许用户为满足指定标准的连接请求 IPSec,这些标准类似于 Windows 防火墙筛选器。

可以在以下情况设置 IPSec 安全规则。

(1) 拒绝来自指定 IP 地址的所有通信;

(2) 拒绝所有来自默认网关的 ICMP 通信;

(3) 拒绝所有来自内网的发往指定端口的通信;

(4) 限制除了特定服务器的所有出站连接。

每个计算机只能拥有一个 IPSec 策略。如果多个组策略应用于一台计算机,每个组策略都有不同的 IPSec 策略,只有最高级的 IPSec 策略会起作用。

【实验步骤】

(1) 打开"Windows 防火墙",如图 7-89 所示。

(2) 打开"高级安全 Windows 防火墙"窗口,如图 7-90 所示。

(3) 右击"连接安全规则",在弹出的快捷菜单中选择"新规则"选项,显示"新建连接安全规则向导"对话框,如图 7-91 所示。

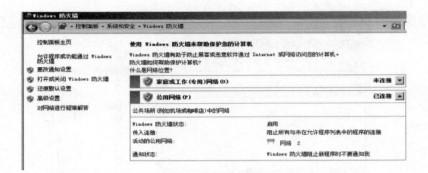

图 7-89　IPSec 配置 1

图 7-90　IPSec 配置 2

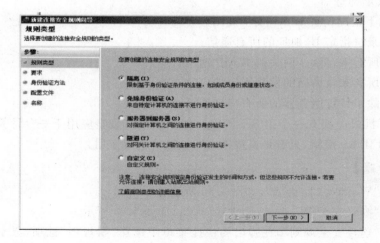

图 7-91　IPSec 配置 3

（4）选择"自定义"，如图 7-92 所示。

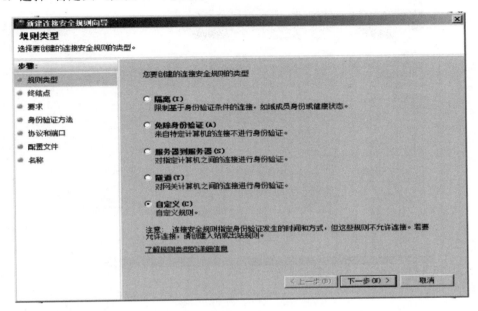

图 7-92　IPSec 配置 4

（5）单击"下列 IP 地址"单选按钮，然后单击"添加"按钮，添加终结点计算机，如图 7-93 所示。

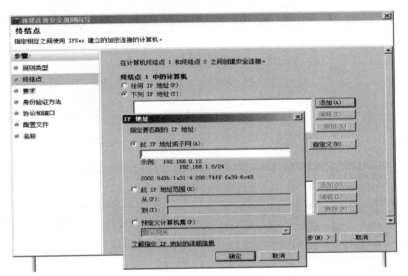

图 7-93　IPSec 配置 5

（6）为入站和出站连接选择是否需要进行身份验证，如图 7-94 所示。

（7）显示"身份验证方法"，选择"默认值"，如图 7-95 所示。

（8）选择协议和端口，如图 7-96 所示。

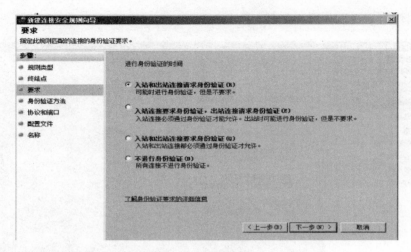

图 7-94　IPSec 配置 6

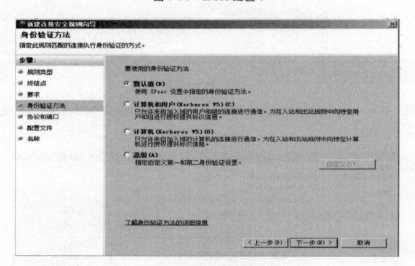

图 7-95　IPSec 配置 7

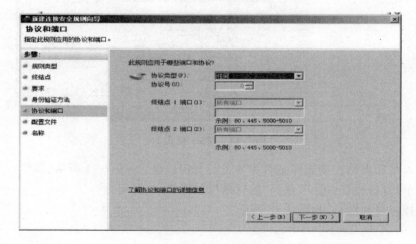

图 7-96　IPSec 配置 8

（9）显示"配置文件"界面，选择需要应用规则的配置文件，如图 7-97 所示。

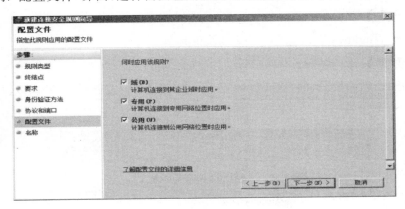

图 7-97　IPSec 配置 9

（10）显示"名称"界面，输入"名称"和"描述"，如图 7-98 所示。

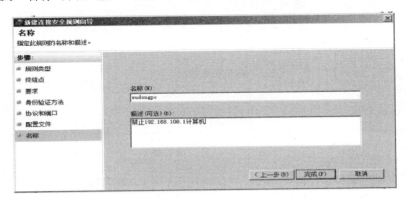

图 7-98　IPSec 配置 10

（11）完成新规则的创建，在窗口中显示刚刚创建的规则，如图 7-99 所示。

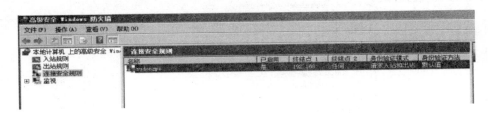

图 7-99　IPSec 配置 11

7.3.3　防火墙策略的导入与导出

【实验名称】

防火墙策略的导入与导出。

【实验目的】

可以将防火墙规则和连接安全规则以及其他设置应用于一个或多个防火墙配置文件，

然后将这些配置文件应用于计算机,从而节省时间。

【实验设备】

一台装有 Windows Server 2008 R2 系统的计算机。

【实验步骤】

(1) 打开"控制面板"里的"Windows 防火墙"面板,单击左侧栏中的"高级设置"选项,如图 7-100 所示。

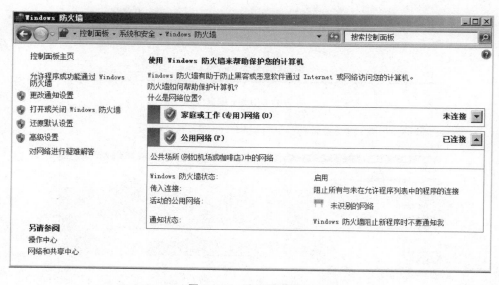

图 7-100　防火墙策略 1

(2) 在右面的"操作"一栏中,单击"导出策略"选项,如图 7-101 所示。

图 7-101　防火墙策略 2

（3）为导出的策略指定存放地点并取名保存，如图 7-102 所示。

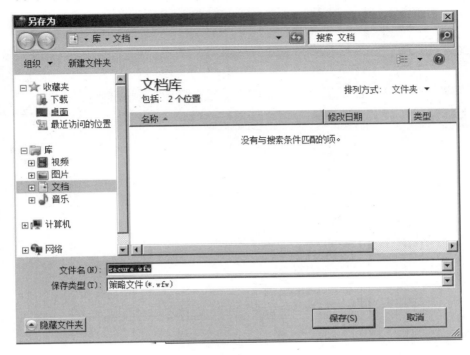

图 7-102　防火墙策略 3

（4）完成，如图 7-103 所示。

图 7-103　防火墙策略 4

（5）在"高级安全 Windows 防火墙"的界面中，在右栏"操作"中，单击"导入策略"选项，如图 7-104 所示。

图 7-104　防火墙策略 5

（6）弹出导入策略的安全提醒，单击"是"按钮，如图 7-105 所示。

图 7-105　防火墙策略 6

（7）打开防火墙策略的保存路径，单击"打开"按钮，如图 7-106 所示。

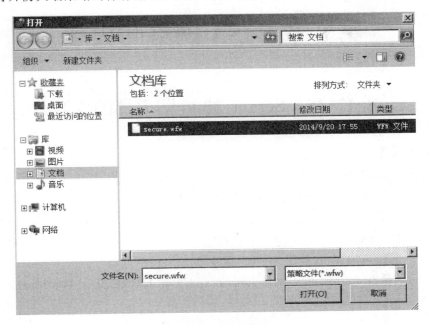

图 7-106　防火墙策略 7

（8）策略导入完成，如图 7-107 所示。

图 7-107　防火墙策略 8

第8章 ISA 网络防火墙

8.1 ISA Server 2006 防火墙的安装

【实验名称】

ISA Server 2006 防火墙的安装。

（注意：只用于教学实验环节，不得用于商业行为）

【实验设备】

CPU：至少 773MHz，最多支持 4 个 CPU。

内存：至少 256MB，推荐使用 512MB 或更高。

硬盘空间：具有 150MB 可用硬盘空间的 NTFS 格式本地分区；Web 缓存内容将需要更多的空间。

操作系统：Windows Server 2003 或 WindowsServer2000 操作系统。但是如果在运行 WindowsServer2000 的计算机上安装 ISA Server 2006 服务器，那么必须达到以下要求。

（1）安装 Windows2000 Service Pack4 或更高版本；

（2）安装 Internet Explorer 6 或更高版本。

【实验拓扑】

实验拓扑结构如图 8-1 所示。

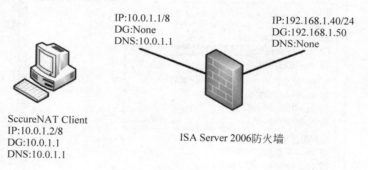

图 8-1　ISA 安装 1

【实验准备】

（1）确认安装 DNS 服务器。

（2）确认安装 DHCP 服务器。

（3）采用 NTFS 文件系统格式的本地硬盘。

（4）为连接到 ISA 服务器计算机的每个网络单独准备一个网络适配器。

（5）设定相关的 IP 地址。

（6）关闭所有的防火墙。

如果使用的是 Windows2000 SP4 整合安装，还要求打 KB821887 补丁（为 Windows 2000 授权管理器运行库配置审核时，安全日志中未记录授权角色的事件）。

网络适配器：必须为连接到 ISA Server 2006 的每个网络单独准备一个网络适配器，至少需要一个网络适配器。但是在单网络适配器计算机上安装的 ISA Server 2006 服务器通常是为发布的服务器提供一层额外的应用程序筛选保护或者缓存来自 Internet 的内容使用。

DNS 服务器：ISA Server 2006 不具备转发 DNS 请求的功能，必须使用额外的 DNS 服务器。或者在内部网络中建立一个 DNS 服务器，或者使用外网（Internet）的 DNS 服务器。

网络：在安装 ISA Server 2006 之前，应保证内部网络正常工作，ISA 服务器可以成功 ping 通所有网络，这样可以避免一些未知的问题。

【实验步骤】

（1）将 ISA Server2006 企业版 CD 放到光驱内，以便自动启动安装程序，或是自行执行 CD 内的 ISAAutorun. Exe 程序，如图 8-2 所示。

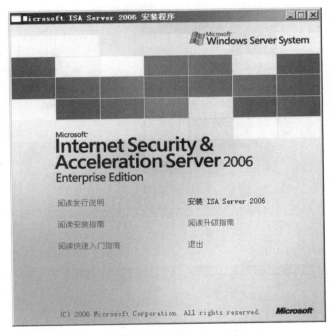

图 8-2　ISA 安装 2

（2）在 Microsoft ISA Server 2006 安装程序中，选择"安装 ISA Server 2006"选项。

（3）在安装程序显示提示消息，指出已确定了系统配置后，在"欢迎"页上，单击"下一步"按钮，如图 8-3 所示。

（4）如果接受最终用户许可协议中所陈述的条款和条件，请选中"我接受许可协议中的条款"单选按钮，然后单击"下一步"按钮，如图 8-4 所示。

（5）输入详细的客户信息，然后单击"下一步"按钮。

（6）在"安装方案"对话框中，请选中"同时安装 ISA Server 服务和配置存储服务器"单选按钮，然后单击"下一步"按钮，如图 8-5 所示。弹出"组件选择"对话框，如图 8-6 所示。

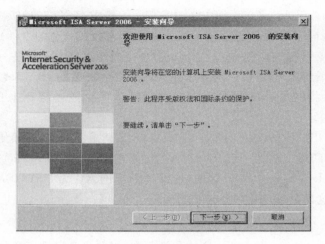

图 8-3　ISA 安装 3

图 8-4　安装方案

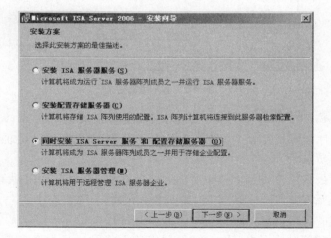

图 8-5　安装方案

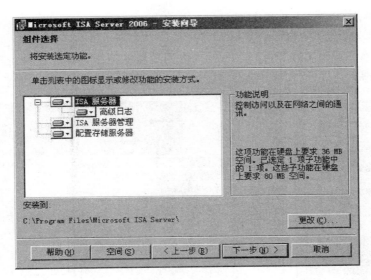

图 8-6　安装向导

有以下 4 个组件可以安装。

① ISA 服务器。组成 ISA 服务器的服务,控制访问以及网络之间的通信。

② 高级日志。用来查看并筛选历史日志数据。

③ ISA 服务器管理。ISA 服务器管理用户界面。

④ 配置存储服务器。又称为 CSS 服务器,为 ISA 服务器阵列存储企业配置。

(7) 在"组件选择"对话框中,单击"下一步"按钮。在弹出的"企业安装选项"对话框中,选中"创建新 ISA 服务器企业"单选按钮,单击"下一步"按钮,如图 8-7 所示。

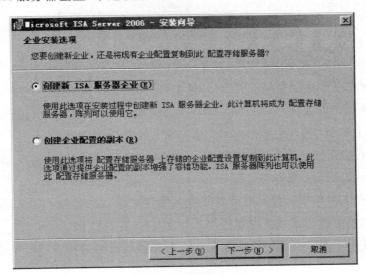

图 8-7　"企业安装选项"对话框

(8) 在"新建企业警告"对话框中,单击"下一步"按钮。

(9) 配置内部网络。完成下列步骤。

① 单击"添加"按钮。

② 单击"添加范围"按钮。

③ 在"IP 地址范围属性"对话框中,输入内网地址的范围,在"起始地址"文本框中输入 10.0.1.1,在"结束地址"文本框中输入 10.0.1.254,如图 8-8 所示。

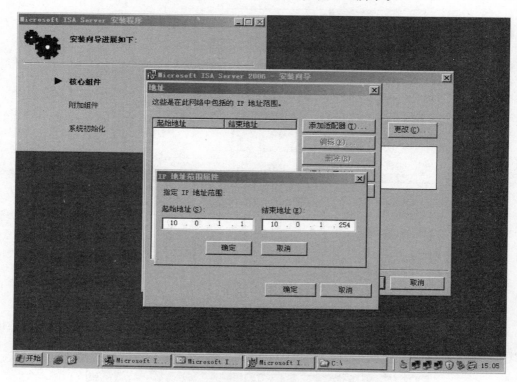

图 8-8　安装向导添加地址范围

④ 单击两次"确定"按钮,然后单击"下一步"按钮。

(10) 在"防火墙客户端连接设置"对话框中,选择是否在防火墙客户端与 ISA 服务器计算机之间允许非加密的连接。ISA Server2006 防火墙客户端软件使用加密,但旧版本不使用加密。此外,有些版本的 Windows 不支持加密。选择下列选项。

① 允许没有加密的防火墙客户端连接。允许运行在不支持加密的 Windows 版本上的防火墙客户端连接到 ISA 服务器计算机。

② 允许防火墙客户端运行早期版本的防火墙客户端软件连接到 ISA 服务器。只有在选择了第一个选项的情况下此选项才可用。

(11) 在"服务警告"对话框中,检查在 ISA 服务器的安装过程中将被停止或禁用的服务列表。要继续安装,单击"下一步"按钮,如图 8-9 所示。

(12) 单击"安装"按钮,如图 8-10 所示。

(13) 如果希望在安装完成后立即调用 ISA 服务器管理,那么请选中"在向导关闭时运行 ISA 服务器管理"复选框,然后单击"完成"按钮,如图 8-11 所示。

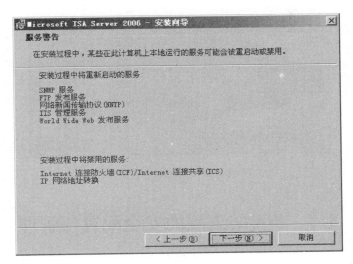

图 8-9　服务警告

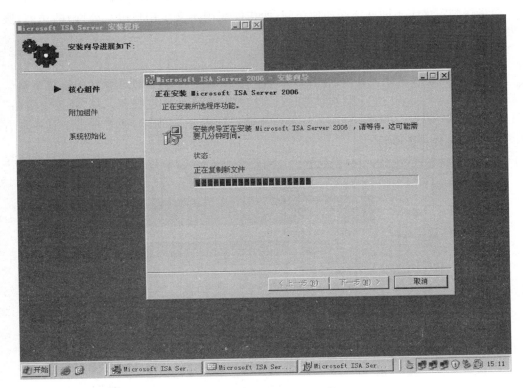

图 8-10　安装向导复制文件

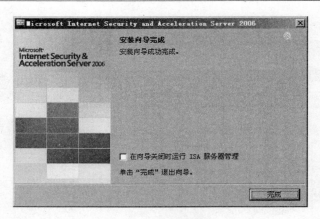

图 8-11　安装向导完成

8.2　ISA 防火墙的安全配置与管理

8.2.1　配置内部网络

在 ISA Server 2006 中，防火墙策略是网络规则、访问规则和服务器发布规则三者的结合。网络规则定义了不同网络间如何访问，而访问规则定义了用户（内、外网）的访问，服务器发布规则定义了如何让用户访问服务器。

【实验步骤】

（1）防火墙系统策略。在安装 ISA Server 2006 服务器时，会创建默认的系统策略。系统策略允许 ISA Server 2006 服务器访问它连接到的网络的特定服务。在"防火墙策略"上单击右键，指向"查看"，单击"显示系统策略规则"，如图 8-12 所示，或者单击工具栏最右边的图标按钮，如图 8-13 所示。

图 8-12　显示系统策略规则

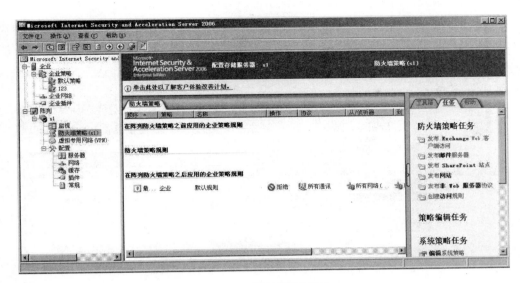

图 8-13　防火墙策略任务

（2）右边出现了系统策略，如图 8-14 所示，标注的地方表明，ISA Server 2006 服务器可以向任何网络发起 DNS 请求。

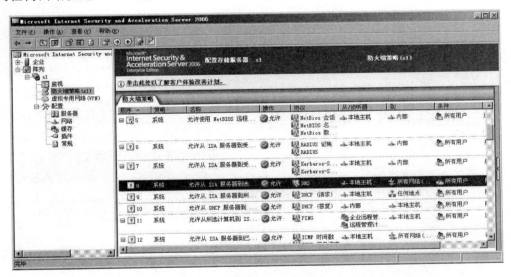

图 8-14　服务器可以向任何网络发起 DNS 请求

注意：系统策略在安装 ISA 服务器时默认部分策略是启用的，部分策略是未启用的，建议根据自己的需求来禁用不需要的系统策略类别，启用需要的系统策略类别。

（3）访问策略。现在需要建立一条访问策略以允许内部网络客户访问外部网络（Internet），同时，因为内部网络客户需要访问 ISA Server 2006 服务器上的 DNS 服务器以解析域名，也需要建立一条策略以允许内部网络客户访问 ISA Server 2006 服务器的 DNS 服务。

① 新建一条允许内部客户访问外部网络的所有服务的访问规则。

- 在"防火墙策略"选项上右击,在弹出的快捷菜单中选择"新建"→"访问规则"命令,如图 8-15 所示。

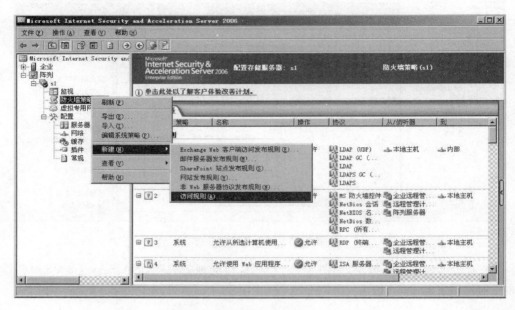

图 8-15　访问规则

- 在"新建访问规则向导"的"访问规则名称"文本框中,输入"Allow all outbound traffic",单击"下一步"按钮。然后在"规则操作"对话框中选中"允许"单选按钮,单击"下一步"按钮,如图 8-16 所示。

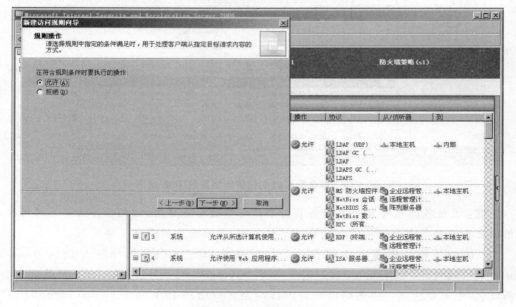

图 8-16　访问规则允许

- 在"协议"对话框中的"此规则应用到"下拉列表框中选择"所有出站通讯"选项,单击"下一步"按钮,如图 8-17 所示。

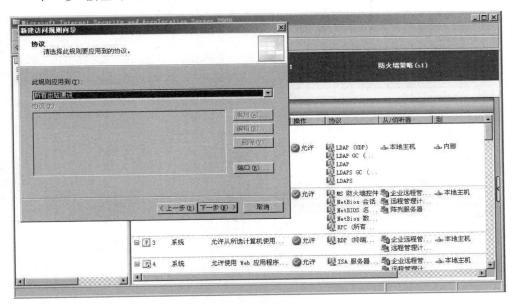

图 8-17　所有出站通讯

- 在"访问规则源"对话框中单击"添加"按钮,在弹出的"添加网络实体"对话框中双击"内部"选项,然后单击"关闭"按钮,单击"下一步"按钮,如图 8-18 所示。

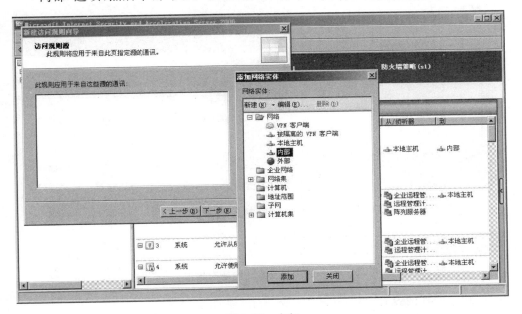

图 8-18　内部

- 在"访问规则目标"对话框中单击"添加"按钮,在弹出的"添加网络实体"对话框中双击"外部"选项,然后单击"关闭"按钮,单击"下一步"按钮,如图 8-19 所示。

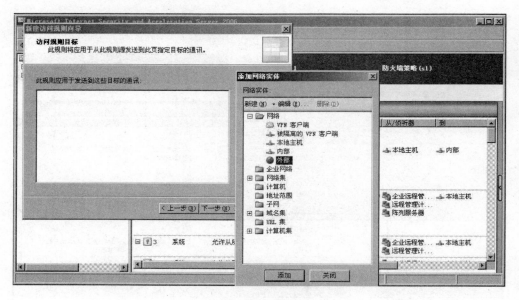

图 8-19　外部

- 在"用户集"对话框中接受默认的所有用户,单击"下一步"按钮,如图 8-20 所示。

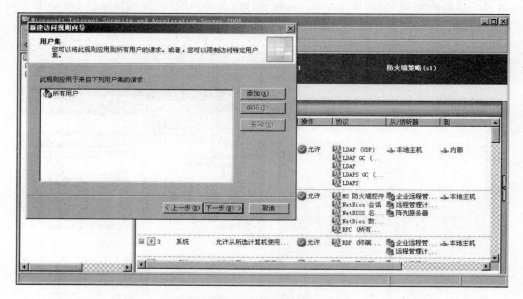

图 8-20　接受默认的所有用户

- 回顾已选择的设置,然后单击"完成"按钮,如图 8-21 所示。
- 如图 8-22 所示,单击"应用"按钮。弹出"正在保存配置更改"对话框,单击"确定"按钮,如图 8-23 所示。

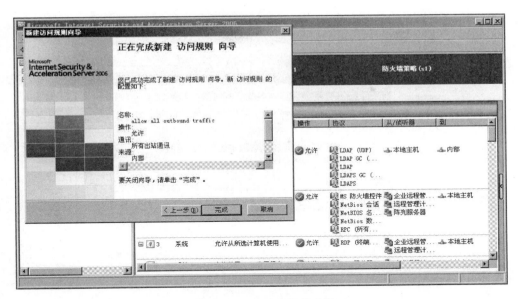

图 8-21　回顾已选择的设置

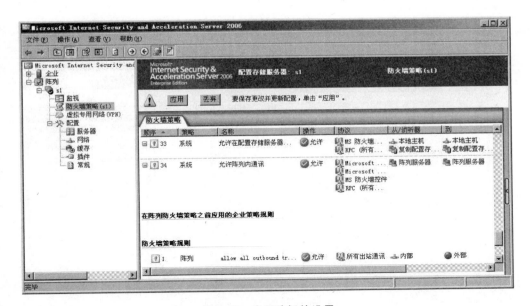

图 8-22　应用选择的设置

② 新建一条允许内部客户访问 ISA Server 2006 服务器上的 DNS 服务的访问规则。

· 主要步骤和上面一样,不同的地方如下。

规则名:Allow internal acces firewall's dns service。

在"协议"对话框中的"此规则应用到"下拉列表框中选择"所选的协议"选项,然后单击"添加"按钮,在弹出的"添加协议"对话框中选择"通用协议"选项下的 DNS 选项,如图 8-24 所示。

图 8-23　成功应用了对配置的更改

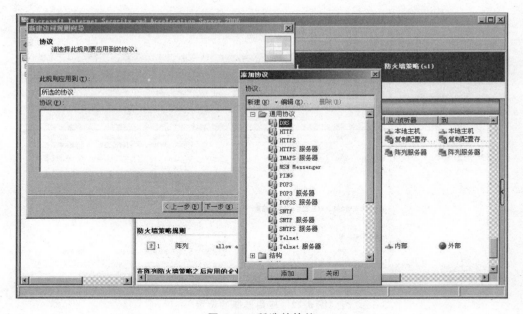

图 8-24　所选的协议

- 访问规则目标为"本地主机",如图 8-25 所示。
- 此时,ISA Server 2006 的管理控制台如图 8-26 所示。单击"应用"按钮以保存修改并更新防火墙策略。
- 在"正在保存配置更改"对话框中单击"确定"按钮,如图 8-27 所示。
- 此时,ISA Server 2006 服务器的初步配置已经完成,内部客户可以访问外部网络的所有服务,也可以访问 ISA Server 2006 服务器上的 DNS 服务。

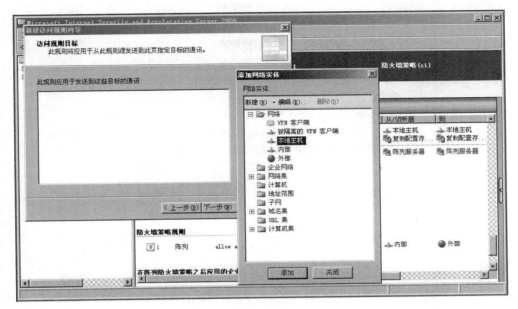

图 8-25　本地主机

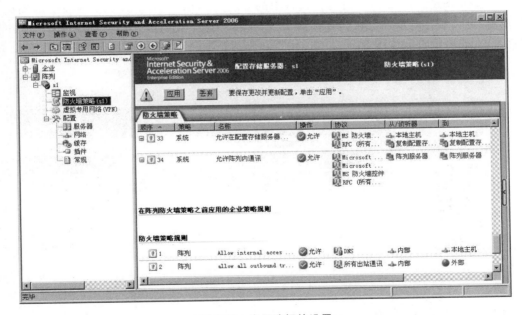

图 8-26　应用选择的设置

注意：只能访问 ISA Server 2006 服务器上的 DNS 服务，其他的服务都会被禁止（如 ping 等），因为没有在策略中明确允许这一点。

③ 启用缓存。启用缓存有两个条件，首先是设置缓存所用的驱动器，其次是设置缓存规则。

图 8-27　成功应用配置的更改

• 设置缓存所用的驱动器,步骤如下。

a. 选择 ISA Server 2006 管理控制台中的"缓存"选项,单击工具栏上最右边的图标按钮,单击"定义缓存驱动器"链接,如图 8-28 所示。(注意:此时的"缓存"选项上有个向下的红色箭头,表明没有启用缓存。)

图 8-28　定义缓存驱动器

b. 在定义缓存驱动器对话框中,根据自己的网络带宽及流量输入最大缓存大小,单击"设置"按钮进行设置,不过需要注意的是,缓存驱动器必须采用 NTFS 分区格式,如图 8-29 所示。

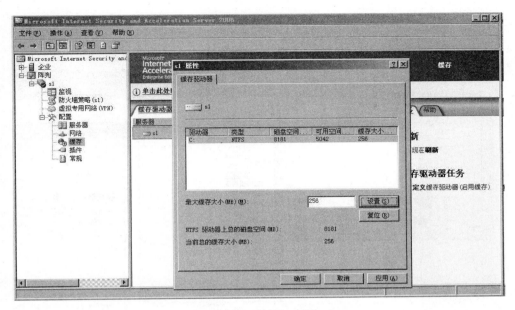

图 8-29　缓存驱动器设置

- 设置缓存规则,步骤如下。

a. 此时"缓存"选项上已经没有向下的箭头了,表明已经设置了缓存驱动器。在"缓存"选项上右击,在弹出的快捷菜单中选择"新建"→"缓存规则"命令,如图 8-30 所示。

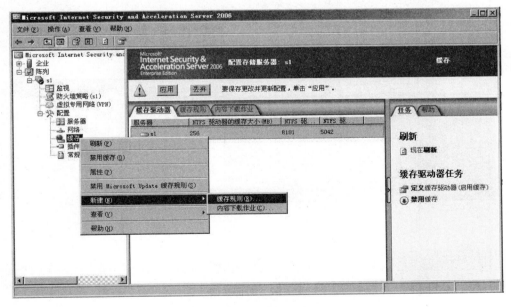

图 8-30　缓存规则

b. 在"新缓存规则向导"对话框中输入名称"Cache external content",然后单击"下一步"按钮。在"缓存规则目标"对话框中单击"添加"按钮,在弹出的"添加网络实体"对话框中选择"外部"选项,单击"下一步"按钮,如图 8-31 所示。

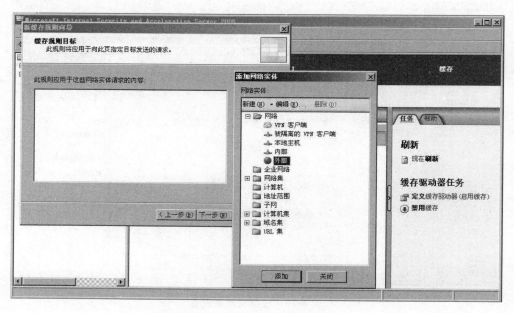

图 8-31 选择"外部"选项

c. 在"内容检索"对话框中接受默认的设置,单击"下一步"按钮,如图 8-32 所示。

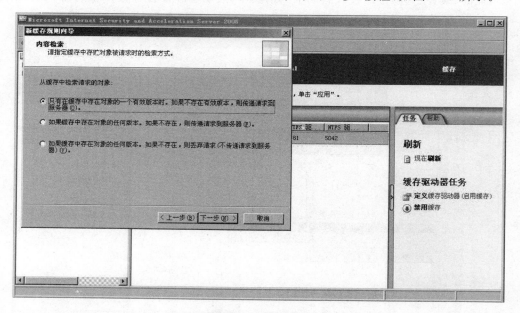

图 8-32 内部检索

d. 在"缓存内容"对话框中默认选中"如果源和请求头指明要缓存"单选按钮,可以根据自己的需要决定是否选中下面的复选框,单击"下一步"按钮,如图 8-33 所示。

e. 在"缓存高级配置"对话框中,根据自己的需要进行设置,单击"下一步"按钮,如图 8-34所示。

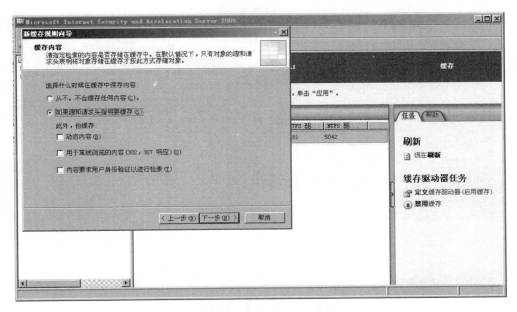

图 8-33　缓存规则向导

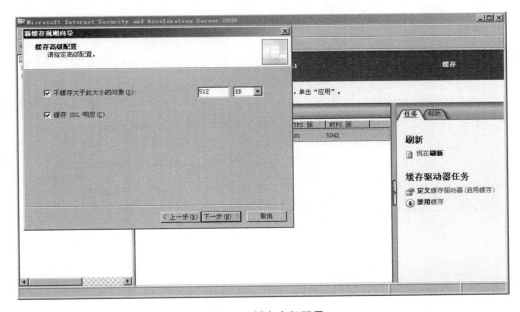

图 8-34　缓存高级配置

　　f. 在"HTTP 缓存"对话框中接受默认的设置,单击"下一步"按钮,如图 8-35 所示。

　　g. 在"FTP 缓存"对话框中,取消选中"启用 FTP 缓存"复选框(可以根据自己的需求进行设置),单击"下一步"按钮,如图 8-36 所示。

　　h. 回顾设置,然后单击"完成"按钮。单击"应用"按钮以保存修改和更新防火墙策略,ISA Server 2006 会弹出一个警告提示,选中"保存更改,并重启动服务"单选按钮,然后单击

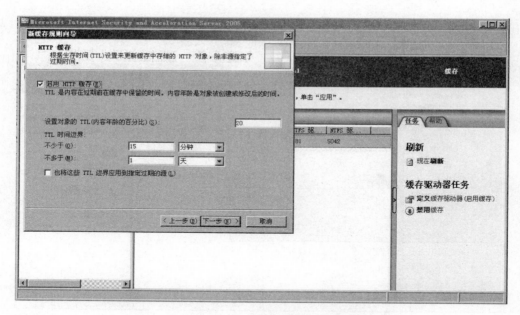

图 8-35　HTTP 缓存规则向导

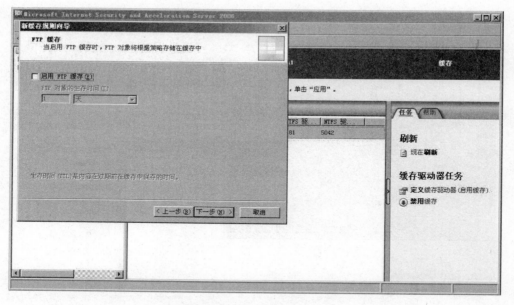

图 8-36　启用 FTP 缓存

"确定"按钮即可,如图 8-37 所示。

i. 在"正在保存配置更改"对话框中单击"确定"按钮,如图 8-38 所示,成功后会在缓存规则栏里面看见新的缓存规则。

④ 取消 FTP 的只读。ISA Server 2006 默认是不允许 FTP 上传的(即不能写 FTP 服务器)。

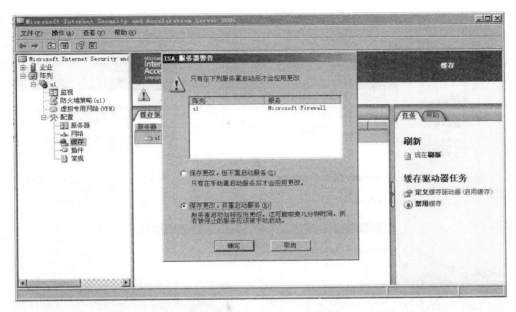

图 8-37　保存更改,并重启动服务

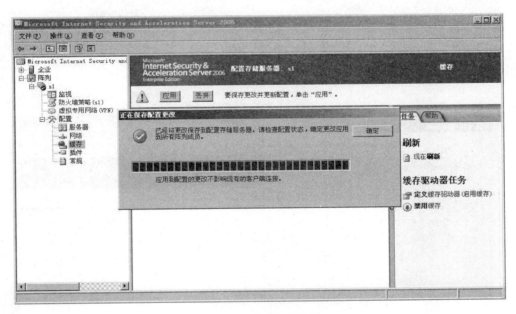

图 8-38　成功启动服务

取消的方法如下。

- 在允许访问 FTP 服务器的规则上(这里是 Allow all outbound traffic)右击,在弹出的快捷菜单中选择"配置 FTP"命令,如图 8-39 所示。
- 在"配置 FTP 协议策略"对话框中,取消选中"只读"复选框,单击"确定"按钮,如图 8-40 所示。最后单击"应用"按钮以保存修改和更新防火墙策略。

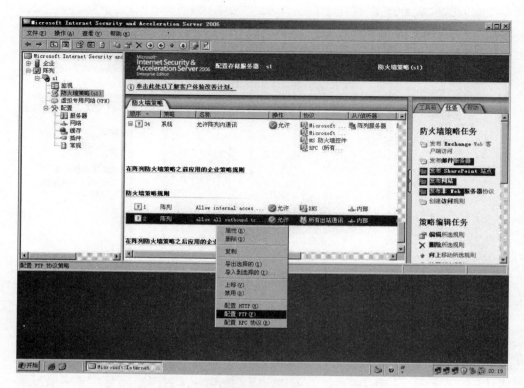

图 8-39　配置 FTP

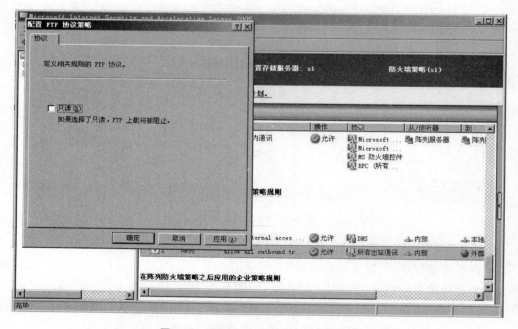

图 8-40　"配置 FTP 协议策略"对话框

8.2.2　创建网络规则

在安装过程中,创建了默认的 Internet 访问网络规则。此规则定义了内部网络与外部网络之间的关系。要验证规则配置,请执行下列操作。

【实验步骤】

(1) 展开"配置"节点,然后选择"网络"选项。

(2) 在"网络规则"选项卡上,双击"Internet 访问"规则以显示"Internet 访问属性"对话框,如图 8-41 所示。

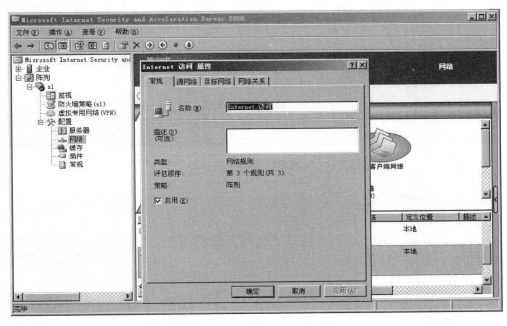

图 8-41　"Internet 访问属性"对话框

(3) 在"源网络"选项卡中,确认列表中有"内部"选项。如果没有,请执行以下操作。

① 单击"添加"按钮,弹出"添加网络实体"对话框,如图 8-42 所示。

② 在"添加网络实体"对话框中,选择"网络"选项中的"内部"选项,单击"添加"按钮,然后单击"关闭"按钮。

(4) 在"目标网络"选项卡中,确认列表中有"外部"选项。如果没有,请执行以下操作。

① 单击"添加"按钮,弹出"添加网络实体"对话框,如图 8-43 所示。

② 在"添加网络实体"对话框中,选择"网络"选项中的"外部"选项,单击"添加"按钮,然后单击"关闭"按钮。

(5) 在"网络关系"选项卡中,选择"网络地址转换(NAT)"。

(6) 单击"确定"按钮。

(7) 在详细信息窗格中,单击"应用"按钮来应用更改(如果进行了更改)。

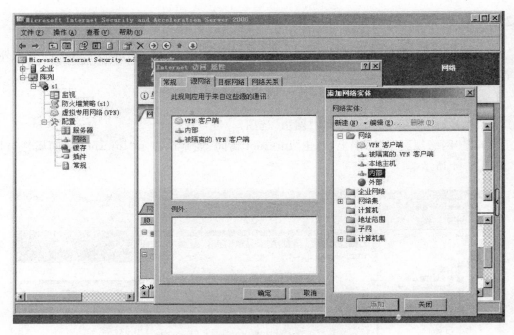

图 8-42　为源网络"添加网络实体"对话框

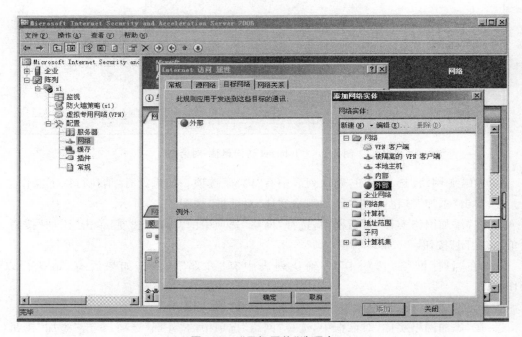

图 8-43　"目标网络"选项卡

8.2.3　创建策略规则

　　要允许内部客户端访问 Internet，必须创建允许内部客户端使用 HTTP 和 HTTPS 协议的访问规则。请执行下列操作。

【实验步骤】

（1）右击"防火墙策略"选项，在弹出的快捷菜单中选择"新建"→"访问规则"命令，如图 8-44 所示，弹出"新建访问规则向导"对话框。

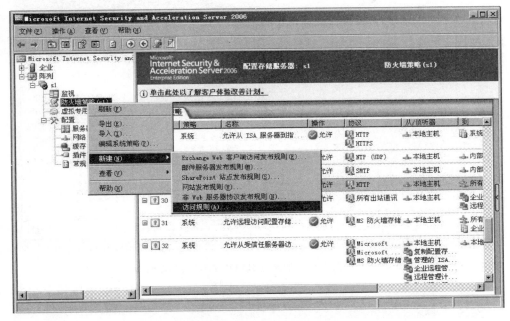

图 8-44　创建新的访问规则

（2）在对话框中输入规则的名称。例如，输入"允许内部客户端通过 HTTP 和 HTTPS 访问 Internet"。然后，单击"下一步"按钮。

（3）在"规则操作"对话框中，选中"允许"单选按钮，然后单击"下一步"按钮。

（4）在"协议"对话框中的"此规则应用到"下拉列表框中，选择"所选的协议"选项，然后单击"添加"按钮。

（5）在弹出的"添加协议"对话框中，展开"通用协议"选项。选择 HTTP 选项后单击"添加"按钮，再选择 HTTPS 选项后单击"添加"按钮，再单击"关闭"按钮，然后单击"下一步"按钮，如图 8-45 所示。

（6）在"访问规则源"对话框中，单击"添加"按钮。

（7）在"添加网络实体"对话框中，选择"网络"选项下的"内部"选项，单击"添加"按钮，然后单击"关闭"按钮，然后单击"下一步"按钮。

（8）在"访问规则目标"对话框中，单击"添加"按钮。

（9）在"添加网络实体"对话框中，选择"网络"选项下的"外部"选项，单击"添加"按钮，然后单击"关闭"按钮，然后单击"下一步"按钮，如图 8-46 所示。

（10）在"用户集"对话框中，验证是否指定了"所有用户"，然后单击"下一步"按钮。

（11）查看摘要页，然后单击"完成"按钮。

（12）在详细信息窗格中，单击"应用"按钮来应用所做的更改。（注意：应用更改可能需要一定的时间。）

图 8-45　允许内部客户端通过 HTTP 和 HTTPS 访问 Internet

图 8-46　"添加网络实体"对话框

8.2.4　测试该方案

为了验证方案是否可行,使用 Web 代理客户端访问外部网络中的 Web 服务器。

在内网客户端 1 上,执行下列操作将客户端配置为 Web 代理客户端。

【实验步骤】

(1) 在内网客户端上,打开 Internet Explorer 浏览器。

(2) 在 Internet Explorer 中,选择"工具"→"Internet 选项"命令,弹出"Internet 选项"对话框。

(3) 打开"连接"选项卡上,单击"局域网设置"按钮,弹出"局域网(LAN)设置"对话框。

(4) 在"代理服务器"选项区域中,选中"为 LAN 使用代理服务器"复选框。

(5) 在"地址"文本框中,输入 ISA_1 的计算机名称,在"端口"文本框中,输入 8080。如果实验室配置中没有 DNS 服务器,那么请使用 ISA_1 的内网网卡的 IP 地址,而不要使用其名称,如图 8-47 所示。

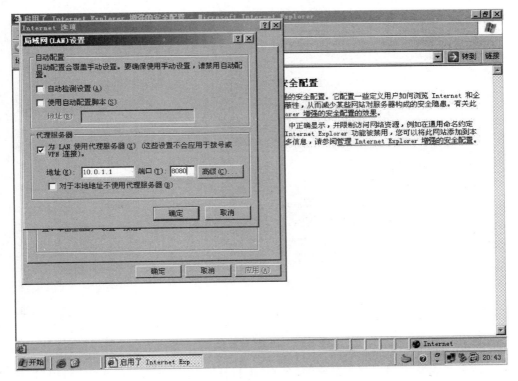

图 8-47　配置"代理服务器"

(6) 确保未选中"自动检测设置"复选框。

(7) 关闭 Internet Explorer。然后重新打开 Internet Explorer。

(8) 在 Internet Explorer 的"地址"下拉列表中,输入外网 Web 服务器的 IP 地址。

请注意:

如果外部网络中存在可以进行名称解析的 DNS 服务器,那么可以输入外网 Web 服务器的完全合格域名(Fully Qualified Domain Name,FQDN)。

如果浏览器显示在外网 Web 服务器上发布的网页,则说明内网客户端 1 访问到了外网的 Web 服务器,此方案已经配置成功。

8.3　创建和配置受限制的计算机集

【实验任务 1】　配置受限制的计算机集

下面的示例使用与实验室部署的内部网络相关联的 IP 地址：10.0.0.0～10.255.255.255。在该示例中，将创建一个包含 IP 地址 10.54.0.0～10.55.255.255 的计算机集，该计算机集包含内网客户端 2。请执行下列操作。

【实验步骤】

（1）在 Microsoft ISA 服务器管理中，展开 s1 节点，如图 8-48 所示，然后选择"防火墙策略"选项。

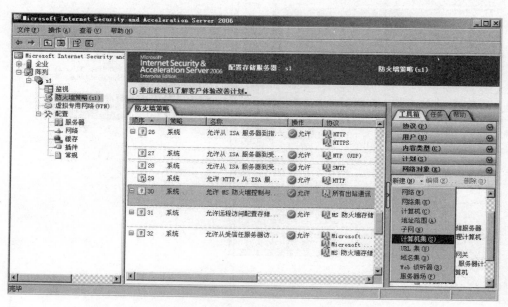

图 8-48　新建"计算机集"

（2）在任务窗格上，打开"工具箱"选项卡，再打开"网络对象"面板，单击"新建"按钮，然后在弹出的菜单中选择"计算机集"命令，如图 8-48 所示。

（3）在"名称"文本框中输入新计算机集的名称，如"受限制的计算机集"。

（4）单击"添加"按钮并选择"地址范围"。

（5）在"新建地址范围规则元素"对话框中，提供地址范围的名称，如"受限制的计算机集的范围"。提供包含内网客户端 2 的地址的 IP 地址范围，如 10.54.0.0～10.55.255.255，然后单击"确定"按钮。

（6）单击"确定"按钮以关闭"新建计算机集规则元素"对话框。

（7）在详细信息窗格中，单击"应用"按钮来应用所做的更改。

（8）将网络配置保存到一个 .xml 文件中，以便在所做的配置更改改变或破坏了此网络对象时，可以还原其配置。在任务窗格中的"工具箱"选项卡中的"网络对象"面板中展开"计算机集",右击新定义的计算机集,然后在弹出的快捷菜单中选择"导出选择的"命令。选择包含配置信息的文件的保存位置,并指定一个名称来描述其内容,如"受限制计算机集的导出文件"。单击"导出"按钮来导出配置。

(9) 导出操作完成后,单击"确定"按钮关闭状态对话框。

【实验任务 2】　限制对 Internet 的访问

现在可以创建禁止计算机集访问 Internet 的访问规则。请注意,访问规则的顺序将影响到计算机集能否访问 Internet。ISA 服务器按顺序读取访问规则,如果在读取受限制的计算机集拒绝规则之前先读取了内部网络允许规则,那么访问将被允许。

要创建禁止从受限制的计算机集访问外部网络的访问规则,请执行下列操作。

【实验步骤】

(1) 选择"防火墙策略"选项。在任务窗格中,打开"任务"选项卡,然后单击"创建新的访问规则"打开"新建访问规则向导"对话框。

(2) 在对话框中输入规则的名称。例如,输入"拒绝受限的计算机集通过 HTTP 和 HTTPS 访问 Internet"。然后单击"下一步"按钮。

(3) 在"规则操作"对话框中,选中"拒绝"单选按钮,然后单击"下一步"按钮。

(4) 在"协议"对话框中的"此规则应用到"下拉列表框中选择"所选的协议"选项,然后单击"添加"按钮。

(5) 在弹出的"添加协议"对话框中,展开"通用协议"选项。选择 HTTP 选项后单击"添加"按钮,再单击"关闭"按钮。然后单击"下一步"按钮。

(6) 在"访问规则源"对话框中,单击"添加"按钮。

(7) 在"添加网络实体"对话框中,展开"计算机集"选项,然后选择"受限制的计算机集"选项。单击"添加"按钮,然后单击"关闭"按钮。然后单击"下一步"按钮。

(8) 在"访问规则目标"对话框中,单击"添加"按钮。

(9) 在"添加网络实体"对话框中,选择"网络"选项下的"外部"选项。单击"添加"按钮,然后单击"关闭"按钮。然后单击"下一步"按钮。

(10) 在"用户集"对话框中,验证是否指定了"所有用户",然后单击"下一步"按钮。

(11) 查看摘要页,然后单击"完成"按钮。

(12) 在详细信息窗格中,单击"应用"按钮来应用所做的更改。

(13) 将规则保存到一个 .xml 文件中,以便在需要进行基本更改(如运行网络模板向导)时,可以导入该规则。在详细信息窗格中,右击新定义的规则,然后在弹出的快捷菜单中选择"导出选择的"命令。选择包含配置信息的文件的保存位置,并指定一个名称来描述其内容,如"受限制计算机集的导出文件"。单击"导出"按钮来导出规则。

(14) 导出操作完成后,单击"确定"按钮关闭状态对话框。

【实验任务 3】　测试该方案

为了验证方案是否可行,受限制的计算机集中的内网客户端 2 将尝试访问外部网络中的外网 Web 服务器。

在内网客户端 2 上,执行下列操作。

【实验步骤】

（1）在内网客户端 2 上，打开 Internet Explorer 浏览器。

（2）在 Internet Explorer 中，选择"工具"→"Internet 选项"命令，弹出"Internet 选项"对话框。

（3）打开"连接"选项卡，单击"局域网设置"按钮，弹出"局域网（LAN）设置"对话框。

（4）在"代理服务器"选项区域中，选中"为 LAN 使用代理服务器"复选框。

（5）在"地址"文本框中输入 ISA_1 的计算机名称（或 IP 地址，如果未配置 DNS 服务器），在"端口"文本框中输入 8080。

（6）确保未选中"自动检测设置"复选框。

（7）关闭 Internet Explorer。然后重新打开 Internet Explorer。

（8）在 Internet Explorer 的"地址"下拉列表框中，输入外网 Web 服务器的 IP 地址。

注意：如果外部网络中存在可以进行名称解析的 DNS 服务器，那么可以输入外网 Web 服务器的完全合格域名（Fully Qualified Domain Name，FQDN）。

如果浏览器显示拒绝访问页，则说明成功地配置了计算机集和拒绝规则。

所创建的拒绝规则出现在"防火墙策略"详细信息窗格中的访问规则列表的最上面。如果将它向下移动到"允许内部客户端通过 HTTP 和 HTTPS 访问 Internet"允许规则（在前一方案中创建）的下面，那么 ISA 服务器将首先评估允许规则，这样，受限制的计算机集中的计算机将拥有 Internet 访问权限。

要更改拒绝规则的顺序，请右击该规则，在弹出的快捷菜单中选择"下移"命令。在将拒绝规则移动到允许规则的下面，并通过单击详细信息窗格中的"应用"按钮应用了更改后，再次测试 Internet 访问，内网客户端 2 现在可以访问 Internet。

如果浏览器现在显示在外网 Web 服务器上发布的网页，则说明内网客户端 2 访问到了外网 Web 服务器，此方案已配置成功。

8.4　发布外围网络中的 Web 服务器

【实验任务 1】　创建 Web 发布规则

要创建允许 Internet 上的客户端计算机（External1）访问外围网络中的 Web 服务器（Perimeter_IIS）的 Web 发布规则，请执行下列操作。

【实验步骤】

（1）在 Microsoft ISA 服务器管理中，选择"防火墙策略"。

（2）在任务窗格的"任务"选项卡中，单击"发布网站"来启动"新建 Web 发布规则向导"。

（3）在对话框中的"Web 发布规则名称"文本框中输入规则名称"允许从外部访问 Perimeter_IIS"，单击"下一步"按钮。

（4）在"规则操作"对话框中，选中"允许"单选按钮，然后单击"下一步"按钮。

（5）在“发布类型”对话框中，选中“发布单个网站或负载平衡器”单选按钮，然后单击“下一步”按钮。

（6）在“服务器链接安全”对话框中，选中“使用不安全的连接发布的 Web 服务器或服务器场”单选按钮，然后单击“下一步”按钮。

（7）在“指定要发布的网站的内部名称”对话框中的“内部站点名称”文本框中输入外围 Web 服务器的名称，如“Perimeter_IIS 服务器”，然后选中“使用计算机名称或 IP 地址连接到发布的服务器”复选框，输入外围网络 Perimeter_IIS 服务器的 IP 地址，单击“下一步”按钮。

（8）在“指定发布的网站的内部路径和发布选项”对话框中直接单击“下一步”按钮。

（9）在“公共名称细节”对话框中，在“接受请求”选项区域中选中“任何域名”选项。单击“下一步”按钮。

（10）在“选择 Web 侦听器”对话框中，单击“新建”按钮启动“新建 Web 侦听器向导”对话框。

（11）在“新建 Web 侦听器向导”对话框中的“Web 侦听器名称”文本框中输入 Web 侦听器的名称，侦听外部网络的端口 80。然后单击“下一步”按钮。

（12）在“客户端连接安全设置”对话框中，选择“不需要与客户端建立 SSL 安全连接”，单击“下一步”按钮。

（13）在“Web 侦听器 IP 地址”对话框中，选择“外部”选项，然后单击“下一步”按钮。这样此侦听器将侦听来自外部网络的请求。

（14）在“身份验证设置”对话框中的“选择客户端将如何向 ISA 服务器提供凭据”中，选择“没有身份验证”选项。

（15）在“单一登录设置”对话框中，直接单击“下一步”按钮。

（16）查看摘要页，然后单击“完成”按钮关闭新建 Web 侦听器向导。

（17）在“选择 Web 侦听器”对话框中，单击“下一步”按钮。

（18）在“身份验证委派”对话框中的“选择 ISA 服务器对发布的 Web 服务器进行身份验证时使用的方法”中，选择“无委派，客户端无法直接进行身份验证”选项，然后单击“下一步”按钮。

（19）在“用户集”对话框中，验证“此规则应用于来自以下用户集的请求”列表框中是否列出了“所有用户”选项。单击“下一步”按钮。

（20）查看摘要页，然后单击“完成”按钮。

（21）在详细信息窗格中，单击“应用”按钮来应用所做的更改。

注意：可以创建和修改 Web 侦听器，而不受 Web 发布规则的限制。通过防火墙策略任务窗格中“工具箱”选项卡上的“Web 侦听器”面板，可以访问现有的 Web 侦听器。要创建新的 Web 侦听器，请在防火墙策略任务窗格中的“工具箱”选项卡上单击“新建”按钮，然后在弹出的菜单中选择“Web 侦听器”命令。

【实验任务 2】　测试该方案

为了验证方案是否可行，外部客户端 External1 将访问位于外围网络（PerimeterNet）中的 HTTP 服务器 Perimeter_IIS。在 External1 上，执行下列操作。

【实验步骤】

(1) 打开 Internet Explorer。

(2) 确认没有配置代理客户端。因此,选择"工具"→"Internet 选项"命令。

在弹出的"Internet 选项"对话框中打开"连接"选项卡,单击"局域网设置"按钮,在弹出的"局域网(LAN)设置"对话框中确认未选中下列任何复选框:"自动检测设置"、"使用自动配置脚本"和"为 LAN 使用代理服务器"。单击"确定"按钮关闭"Internet 选项"对话框。

(3) 在 Internet Explorer 的"地址"下拉列表框中,输入 ISA 服务器计算机的外部网络适配器的 IP 地址。

如果客户端访问到了 Perimeter_IIS 上的默认网站,则说明此方案已配置成功。

8.5　发布内部网络中的 Web 服务器

【实验任务 1】　创建网络规则

在安装时,已创建了定义从内部网络到外部网络的 NAT 关系的默认网络规则。要确认已正确配置了此规则,请在 ISA_1 上执行下列操作。

【实验步骤】

(1) 在 Microsoft ISA 服务器管理中,展开"配置"节点,然后选择"网络"选项以查看"网络"详细信息窗格。

(2) 在详细信息窗格中,打开"网络规则"选项卡。可以在详细信息窗格中验证规则,或者按照如下步骤描述打开规则属性。

(3) 双击"Internet 访问"规则打开"Internet 访问属性"对话框。

(4) 在"常规"选项卡中,确认启用了该规则。

(5) 在"源网络"选项卡中,确认列出了"内部"网络。

(6) 在"目标网络"选项卡中,确认列出了"外部"网络。

(7) 在"网络关系"选项卡中,确保选中了"网络地址转换"选项。

【实验任务 2】　发布 Web 服务器

使用 Web 发布规则来允许外部客户端访问位于内部网络中的 Web 服务器。

发布 Web 服务器需要创建 Web 发布规则。创建规则的过程中,还将创建 Web 侦听器,以指定 ISA 服务器将在哪些 IP 地址上侦听对内部网站的请求。如果仍然拥有为外围 Web 发布方案创建的侦听器,那么应将其用在此方案中,而不必创建新的侦听器。

注意:可以创建和修改 Web 侦听器,而不受 Web 发布规则的限制。通过防火墙策略任务窗格中"工具箱"选项卡中的"Web 侦听器"面板,可以访问现有的 Web 侦听器。要创建新的 Web 侦听器,请在防火墙策略任务窗格中的"工具箱"选项卡上单击"新建"按钮,然后在弹出的菜单中选择"Web 侦听器"命令。

要创建允许 Internet 上的客户端计算机(External1)访问内部网络中的 Web 服务器(InternalWebServer)的 Web 发布规则,请执行下列操作。

【实验步骤】

（1）在 Microsoft ISA 服务器管理中，选择"防火墙策略"选项。

（2）在任务窗格的"任务"选项卡中，单击"发布网站"来启动"新建 Web 发布规则向导"。

（3）在对话框中的"Web 发布规则名称"文本框中，输入规则名称"允许从外部访问 InternalWebServer"，单击"下一步"按钮。

（4）在"规则操作"对话框中，选中"允许"单选按钮，然后单击"下一步"按钮。

（5）在"发布类型"对话框中，选中"发布单个网站或负载平衡器"单选按钮，然后单击"下一步"按钮。

（6）在"服务器连接安全"对话框中，选中"使用不安全的连接发布的 Web 服务器或服务器场"单选按钮，然后单击"下一步"按钮。

（7）在"指定要发布的网站的内部名称"对话框中的"内部站点名称"文本框中输入内部 Web 服务器的名称，如"Perimeter_IIS 服务器"，然后选中"使用计算机名称或 IP 地址连接到发布的服务器"复选框，输入内部网络 Perimeter_IIS 服务器的 IP 地址，单击"下一步"按钮。

（8）在"指定发布的网站的内部路径和发布选项"对话框中直接单击"下一步"按钮。

（9）在"公共名称细节"对话框中，在"接受请求"选项区域中选择"任何域名"选项。单击"下一步"按钮。

（10）在"选择 Web 侦听器"对话框中，单击"新建"按钮启动"新建 Web 侦听器向导"对话框。

（11）在"新建 Web 侦听器向导"对话框中的"Web 侦听器名称"文本框中输入 Web 侦听器的名称"侦听外部网络的端口 80"。然后单击"下一步"按钮。

（12）在"客户端连接安全设置"对话框中，选择"不需要与客户端建立 SSL 安全连接"，单击"下一步"按钮。

（13）在"Web 侦听器 IP 地址"对话框中，选择"外部"选项，然后单击"下一步"按钮。这样此侦听器将侦听来自外部网络的请求。

（14）在"身份验证设置"对话框中的"选择客户端将如何向 ISA 服务器提供凭据"中，选择"没有身份验证"选项。

（15）在"单一登录设置"对话框中，单击"下一步"按钮。

（16）查看摘要页，然后单击"完成"按钮。

（17）在"选择 Web 侦听器"对话框中，单击"下一步"按钮。

（18）在"用户集"对话框中，验证在"此规则应用于来自以下用户集的请求"列表框中是否列出了"所有用户"选项，单击"下一步"按钮。

（19）查看摘要页，然后单击"完成"按钮。

（20）在详细信息窗格中，单击"应用"按钮来应用所做的更改。

【实验任务 3】　测试该方案

为了验证方案是否可行，外部客户端 External1 将访问位于内部网络（CorpNet）中的 HTTP 服务器 InternalWebServer。ISA_1 将代表 InternalWebServer 侦听请求，并依照

Web 发布规则将其转发到 InternalWebServer。

在 External1 上,执行下列操作。

【实验步骤】

(1) 打开 Internet Explorer。

(2) 在"地址"下拉列表中输入 ISA_1 上的外部适配器的 IP 地址。

如果客户端访问到了 InternalWebServer 上的默认网站,则说明此方案已配置成功。

8.6　配置 VPN(虚拟专用网络)

【实验任务 1】　启用 VPN 客户端访问

在此步骤中,将启用 VPN 客户端访问。要允许 VPN 连接,必须启用虚拟专用网络。其他所有 VPN 客户端属性都将采用默认设置。这包括对从内部网络动态分配的可供连接到 ISA 服务器的客户端使用的 IP 地址池使用默认设置。此解决方案还假定存在动态分配的名称解析服务器,VPN 客户端可以使用该服务器来解析内部网络中的名称。

要配置 VPN 属性,请执行下列操作。

【实验步骤】

(1) 在 Microsoft ISA 服务器管理中,选择"虚拟专用网络(VPN)"选项。

(2) 在任务窗格中的"任务"选项卡中,单击"启用 VPN 客户端访问"。

(3) 在详细信息窗格中,单击"应用"按钮来应用所做的更改。

注意:安装过程中,ISA 服务器创建一条网络规则,该规则在 VPN 客户端与内部网络之间建立路由关系。如果希望某些 VPN 客户端能够访问其他网络,那么必须创建额外的网络规则。VPN 客户端与内部网络之间的关系是路由关系,因为目的是使 VPN 客户端成为内部网络中的一个透明的部分,并且能够看到内部网络中的计算机。

如果实验室配置中不包括为 VPN 客户端分配 IP 地址的 DHCP 服务器,那么,要创建可用于分配地址的静态地址池,请执行下列操作。

【实验步骤】

(1) 在 Microsoft ISA 服务器管理中,选择"虚拟专用网络(VPN)"选项。

(2) 在任务窗格中的"任务"选项卡中的"常规 VPN 配置"标题下,单击"定义地址分配"。此操作将打开"虚拟专用网络(VPN)属性"选项卡中的"地址分配"选项卡。

(3) 选择"静态地址池"。

(4) 单击"添加"按钮。在"IP 地址范围属性"对话框中,提供将分配给 VPN 客户端的 IP 地址范围。(注意:这些地址不能来自内部或外围网络中包含的地址范围。)

(5) 单击"确定"按钮。

(6) 在详细信息窗格中,单击"应用"按钮来应用所做的更改。

【实验任务 2】　创建访问规则

要允许 VPN 客户端访问内部网络中的资源,必须创建访问规则。请执行下列操作。

【实验步骤】

(1) 在 Microsoft ISA 服务器管理中,选择"防火墙策略"选项。

(2) 在任务窗格中的"任务"选项卡中,单击"创建新的访问规则"以启动"新建访问规则向导"对话框。

(3) 在对话框中输入规则的名称。例如,输入"允许 VPN 客户端访问内部网络",然后单击"下一步"按钮。

(4) 在"规则操作"对话框中,选择"允许"单选按钮,然后单击"下一步"按钮。

(5) 在"协议"对话框中的"此规则应用到"下拉列表框中,选择"所有出站协议"选项,以便允许 VPN 客户端使用任何协议访问内部网络,单击"下一步"按钮。

(6) 在"访问规则源"对话框中,单击"添加"按钮。

(7) 在"添加网络实体"对话框中,选择"网络"选项下的"VPN 客户端"选项。单击"添加"按钮,选择"内部"选项,单击"添加"按钮,然后单击"关闭"按钮。然后,在"访问规则源"对话框中,单击"下一步"按钮。

(8) 在"访问规则目标"对话框中,单击"添加"按钮。

(9) 在"添加网络实体"对话框中,选择"网络"选项下的"内部"选项。单击"添加"按钮,选择"VPN 客户端"选项,单击"添加"按钮,然后单击"关闭"按钮。然后,在"访问规则目标"对话框中单击"下一步"按钮。

(10) 在"用户集"对话框中,验证是否指定了"所有用户"。单击"下一步"按钮。

(11) 查看摘要页,然后单击"完成"按钮。

(12) 在详细信息窗格中,单击"应用"按钮来应用所做的更改。

注意:通过在第(5)步中选择协议,可以限定 VPN 客户端可以使用哪些协议与内部网络通信。在这种情况下,请务必包括"DNS 查询"协议,以便 VPN 客户端能够解析内部网络中的计算机的名称。

还可以创建相应的规则,以便仅允许某些用户访问特定的计算机,或者访问公司网络中独立于内部网络而单独定义的部分。

【实验任务 3】　创建带有拨号权限的 Windows 用户

要使 VPN 客户端能够拨入到网络,必须在内部网络上创建拥有拨入权限的用户。该用户可以是域用户,也可以是 ISA 服务器计算机上的本地用户。或者是后台创建一个 RADIUS 验证服务器上的用户(RADIUS 服务器负责接收用户的连接请求、认证用户,然后返回客户机所有必要的配置信息以将服务发送到用户。),VPN 客户端将采用该用户通过身份验证。请执行下列操作。

【实验步骤】

(1) 在 ISA_1 的桌面上右击"我的电脑",在弹出的快捷菜单中选择"管理"命令,打开"计算机管理"。

(2) 在"计算机管理"窗口中,双击"计算机管理(本地)",展开"系统工具",然后单击"本地用户和组"选项。

(3) 在详细信息窗格中,右键单击"用户"选项,在弹出的快捷菜单中选择"新用户"命令。

（4）输入用户详细信息，然后单击"创建"按钮。

（5）在详细信息窗格中，双击"用户"以显示用户列表，右键单击"新用户"，在弹出的快捷菜单中选择"属性"命令。

（6）在"拨入"选项卡中，选中"允许访问"单选按钮，然后单击"确定"按钮。

【实验任务 4】　创建网络拨号连接

VPN 客户端创建可以在拨入到内部网络时使用的新连接。在外部客户端 External1 上，执行下列操作。

【实验步骤】

（1）单击"开始"按钮，选择"控制面板"选项，双击"网络连接"按钮。

（2）在"文件"菜单上，选择"新建连接"，打开"新建连接向导"对话框。

（3）在欢迎界面中单击"下一步"按钮。

（4）在"网络连接类型"对话框中，选择"连接到我的工作场所的网络"单选按钮，然后单击"下一步"按钮。

（5）在"网络连接"对话框中，选中"虚拟专用网络连接"单选按钮，然后单击"下一步"按钮。

（6）在"连接名"对话框中的"公司名"文本框中，输入"连接到 ISA_1"，然后单击"下一步"按钮。

（7）在"公用网络"对话框中，选择是否希望 Windows 自动拨打与网络的初始连接，以及拨打哪个连接，然后单击"下一步"按钮。

（8）在"VPN 服务器选择"对话框中的"主机名或 IP 地址"文本框中，选择外部网络适配器的 IP 地址，然后单击"下一步"按钮。

（9）在"可用连接"对话框中，选择"只是我使用"选项，以确保只有在用户本人登录到客户端计算机上时才使用 VPN 连接，然后单击"下一步"按钮。

（10）查看摘要页，然后单击"完成"按钮。

【实验任务 5】　测试该方案

为了验证方案是否可行，VPN 客户端 External1 将访问内部网络中的计算机。在 External1 上，执行下列操作。

【实验步骤】

（1）单击"开始"→"连接到"→"连接到 ISA_1"命令。

（2）在"ISA_1\用户名"文本框中，输入创建的用户的名称。然后单击"连接"按钮。

如果连接建立，则说明此方案已配置成功。由于之前已经建立了一条允许 VPN 客户端与内部网络之间的所有通信，连接后可以尝试访问内部网络的共享资源或者 ping 等。

第9章 企业级防火墙 TMG 的部署

9.1 TMG 防火墙的安装

  Forefront TMG(简称 TMG)是一个高级状态检测以及应用层检测防火墙,同时还包括 VPN 以及 Web 缓存,能够最大化利用现有投资,提升信息安全和性能。它是微软安全战略架构 Forefront 中的新成员,替换原来的 Microsoft Internet Security and Acceleration (ISA),成为下一代网络边缘防护产品。基于状态检测是 TMG 的一个亮点,由此 Forefront 网络边缘防护覆盖了 OSI 7 层模型中的上 5 层,即网络层、传输层、会话层、表示层、应用层,让网络安全防护更加安全。

【实验名称】
TMG 防火墙的安装。

【实验目的】
TMG 防火墙的安装。(注意:只用于教学实验环节,不得用于商业行为)

【实验拓扑】

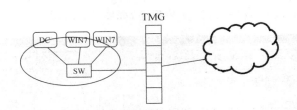

【实验设备】
一台装有 Windows Server 2008 R2 系统的计算机,两台测试计算机。

【硬件需求】
硬件需求如表 9-1 所示。

表 9-1

硬 件	最 低 要 求
CPU	64 位,1.86GHz,双内核(1 CPU x 双核)处理器
内存	2GB,1GHz RAM
硬盘	2.5GB 可用空间。这不包括在恶意软件检查期间缓存或临时存储文件所需的硬盘空间。一个采用 NTFS 文件系统格式的本地硬盘分区
网络适配器	最少两块网卡,一块接内网,一块接外网

【软件需求】

软件需求如表 9-2 所示。

表　9-2

软　件	最 低 要 求
操作系统	Windows Server 2008 x64 版本：SP2 或 R2 版本：Standard、Enterprise 或 Datacenter
Windows 角色和功能	这些角色和功能由 Forefront TMG 准备工具安装： • 网络策略服务器。 • 路由和远程访问服务。 • Active Directory 轻型目录服务工具。 • 网络负载平衡工具。 • Windows PowerShell。 可以从 Forefront TMG 自动运行页面运行准备工具
其他软件	• Microsoft .NET Framework 3.5 SP1 • Windows Web 服务 API • Windows Update • Microsoft Windows Installer 4.5

【实验原理】

安装企业级防火墙 TMG，保护内网的安全。

【实验步骤】

（1）双击 autorun.exe 程序，运行安装程序，如图 9-2 所示。

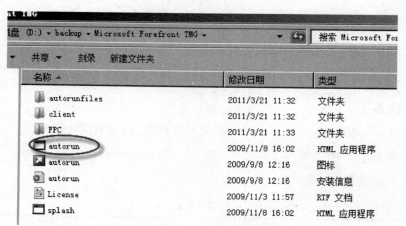

图 9-1　TMG 安装 1

（2）单击"运行准备工具"，如图 9-2 所示。

（3）选择默认的"Forefront TMG 服务和管理"选项，如图 9-3 所示。

（4）系统就会自动运行 TMG 安装准备工具，单击"完成"按钮，如图 9-4 所示。

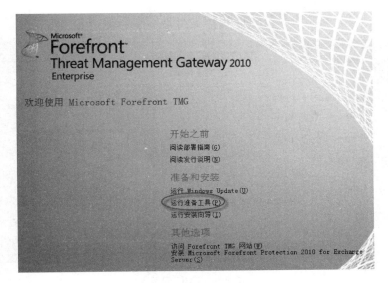

图 9-2　TMG 安装 2

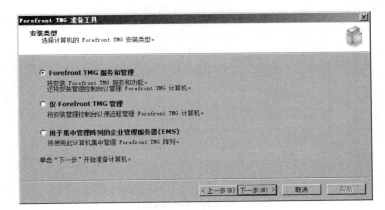

图 9-3　TMG 安装 3

图 9-4　TMG 安装 4

（5）系统会出现"安装向导"界面，单击"下一步"按钮，如图 9-5 所示。

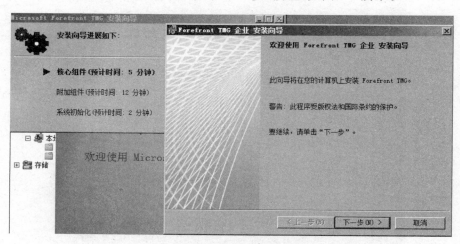

图 9-5　TMG 安装 5

（6）输入用户名等信息，单击"下一步"按钮，如图 9-6 所示。

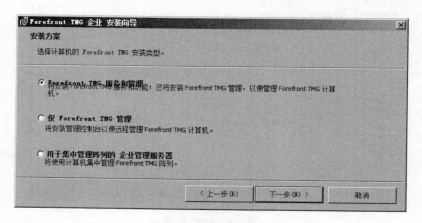

图 9-6　TMG 安装 6

（7）安装程序会出现"安装方案"的提示，选择默认值，单击"下一步"按钮，如图 9-7 所示。

图 9-7　TMG 安装 7

（8）指定安装程序的路径，选择好路径后，单击"下一步"按钮，如图 9-8 所示。

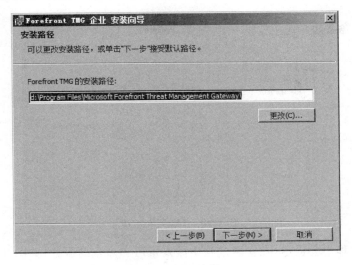

图 9-8　TMG 安装 8

（9）安装程序弹出对话框，需要指定内部网络，可以添加网段，也可以添加网卡，如图 9-9 所示。

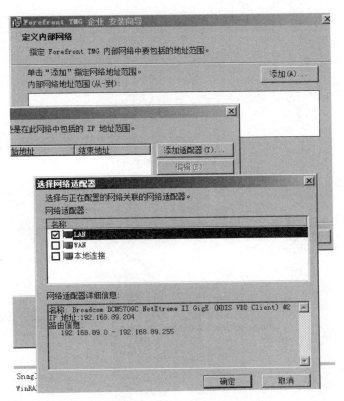

图 9-9　TMG 安装 9

（10）更改内部网络的 IP 段，如图 9-10 所示。

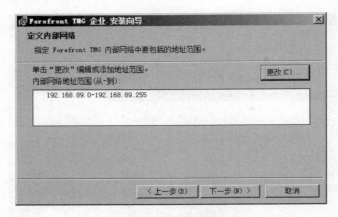

图 9-10　TMG 安装 10

（11）安装过程中会提示，在安装过程中需要重启和停止的服务，如图 9-11 所示。

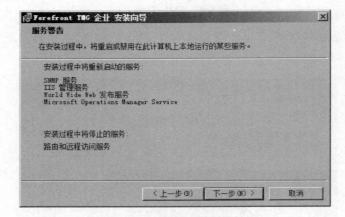

图 9-11　TMG 安装 11

（12）安装程序进度如图 9-12 所示。

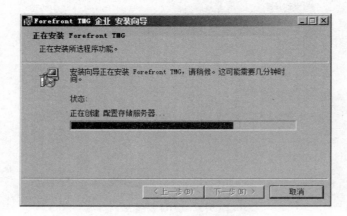

图 9-12　TMG 安装 12

（13）安装中会出现安装向导进展，如图 9-13 所示。

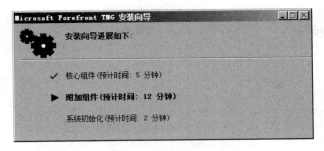

图 9-13 TMG 安装 13

（14）安装完成，会出现安装向导完成界面，如图 9-14 所示。

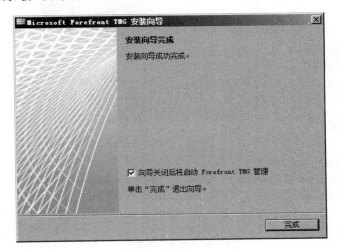

图 9-14 TMG 安装 14

9.2 TMG 的基本配置

【实验名称】

TMG 的基本配置。

【实验目的】

对企业级防火墙 TMG 进行设置，启用防火墙。

【实验拓扑】

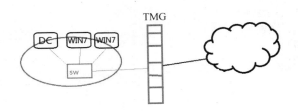

【实验设备】

一台装有企业级防火墙 TMG 的 Windows Server 2008 R2 系统计算机,两台测试计算机。

【实验步骤】

(1) 单击"开始"按钮,单击"Forefront TMG 管理",如图 9-15 所示。

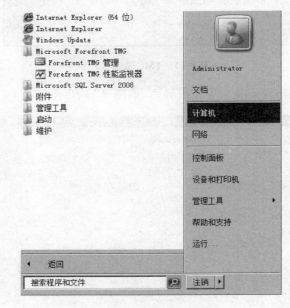

图 9-15　TMG 配置 1

(2) 在"入门向导"界面中,需要遵循三个步骤进行一步步配置,单击"配置网络设置",如图 9-16 所示。

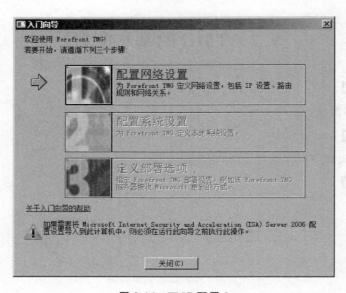

图 9-16　TMG 配置 2

（3）在"网络模板选择"界面中，选择"边缘防火墙"选项，如图 9-17 所示。

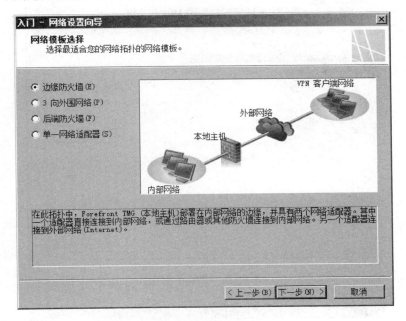

图 9-17　TMG 配置 3

（4）为局域网（LAN）进行设置，为防火墙配置 IP 地址等信息，如图 9-18 所示。

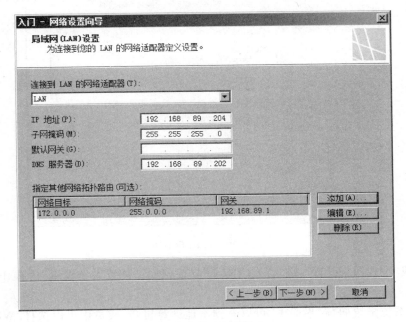

图 9-18　TMG 配置 4

（5）为防火墙（WAN）进行设置，如图 9-19 所示。

（6）网络安装向导完成，如图 9-20 所示。

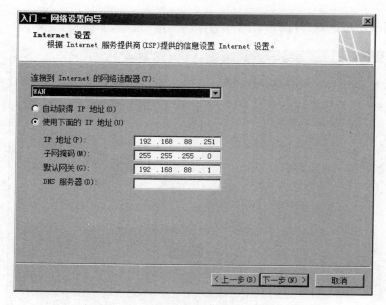

图 9-19　TMG 配置 5

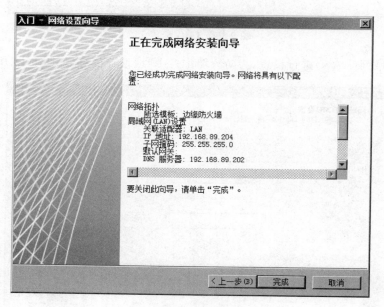

图 9-20　TMG 配置 6

（7）完成"配置网络设置"，进入"入门向导"界面，进行"配置系统设置"的操作，如图 9-21 所示。

（8）在"系统配置向导"界面中，可以看到本地计算机名，成员中可以选择"Windows 域"或者"工作组"，可以更改主 DNS 后缀，如图 9-22 所示。

（9）完成系统的配置，如图 9-23 所示。

（10）现在设置"定义部署选项"，如图 9-24 所示。

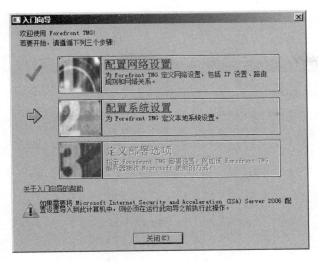

图 9-21　TMG 配置 7

图 9-22　TMG 配置 8

图 9-23　TMG 配置 9

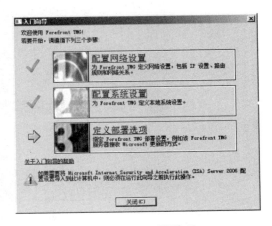

图 9-24　TMG 配置 10

（11）"Microsoft Update 设置"选择"使用 Microsoft Update 服务检查更新"，如图 9-25 所示。

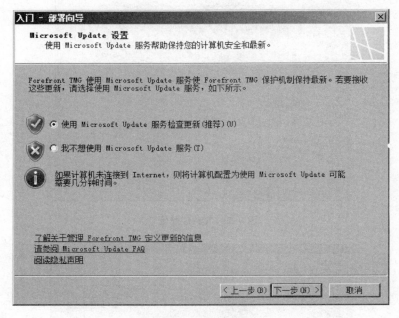

图 9-25　TMG 配置 11

（12）企业级防火墙 TMG 是微软公司为企业网络定制的，所以要收费（为了实验需要，可以在网上搜索许可证）。选择激活许可证的方式，选择默认激活方式，如图 9-26 所示。

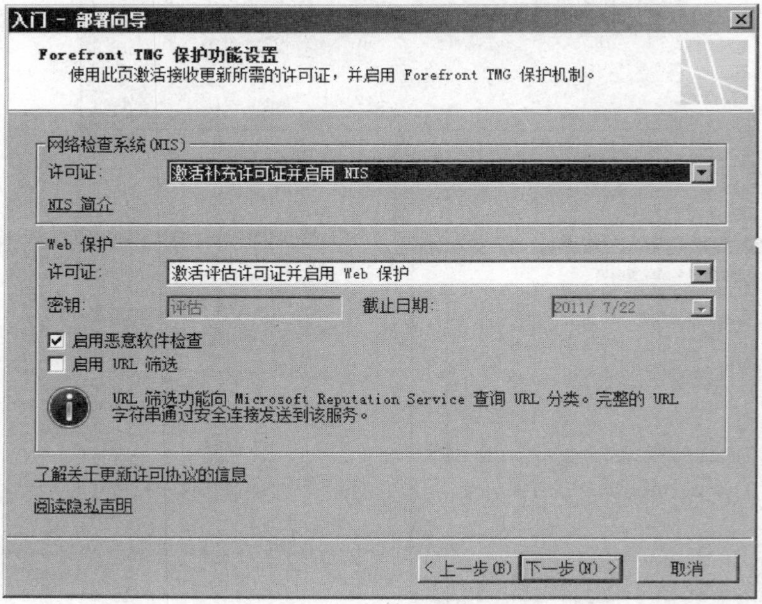

图 9-26　TMG 配置 12

（13）企业级防火墙 TMG 不仅要设置许可证的更新,还要设置 NIS 签名更新设置,选择默认值,如图 9-27 所示。

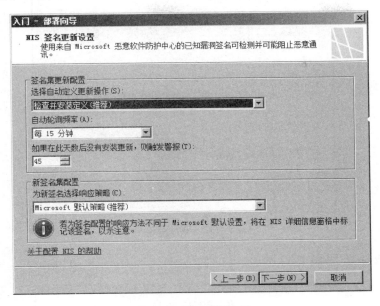

图 9-27　TMG 配置 13

（14）TMG 以服务为主,会向用户提供相应的服务,也需要客户的反馈。在实验阶段,选择"否"选项,如图 9-28 所示。

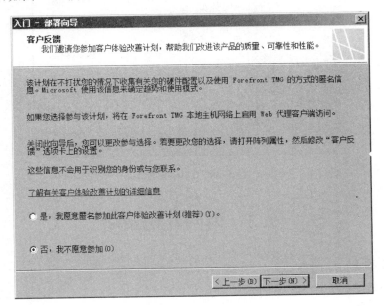

图 9-28　TMG 配置 14

（15）微软公司会向客户提供远程服务,包括：基本、高级、无。用作实验,选择"无",如图 9-29 所示。

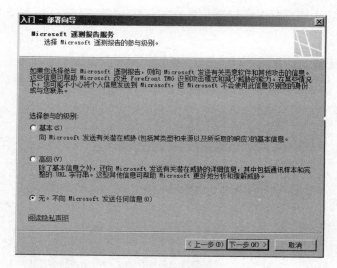

图 9-29   TMG 配置 15

（16）完成部署，如图 9-30 所示。

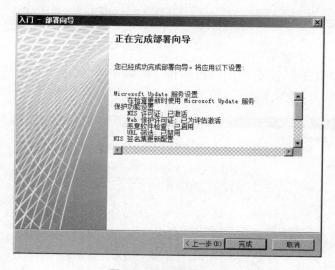

图 9-30   TMG 配置 16

9.3   内网互访策略

【实验名称】

内网互访策略。

【实验目的】

实现企业级防火墙 TMG 内部网络之间的通信。

TMG 安装完成，默认的规则是阻止所有网络通信，不能 ping 通客户端和 TMG 服务器，所以首先建立内网互访策略。

【实验拓扑】

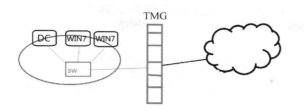

【实验设备】

一台装有企业级防火墙 TMG 的 Windows Server 2008 R2 系统计算机,两台测试计算机。

【实验原理】

让内部网络之间的通信经过企业级防火墙 TMG 的过滤,实现内部网络之间的安全通信。

【实验步骤】

(1) 打开 TMG 防火墙,右击"防火墙策略"选项,弹出快捷菜单,单击"新建"→"访问规则"命令,如图 9-31 所示。

图 9-31　内网互访策略 1

(2) 输入访问规则名称,根据自己的需求自定义名称,如图 9-32 所示。

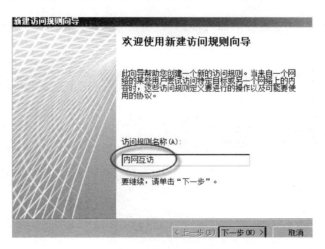

图 9-32　内网互访策略 2

（3）在符合规则条件时要执行的操作，选择"允许"，如图 9-33 所示。

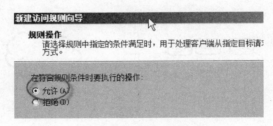

图 9-33　内网互访策略 3

（4）在"此规则应用到"选项中，选择"所有出站通讯"选项，如图 9-34 所示。

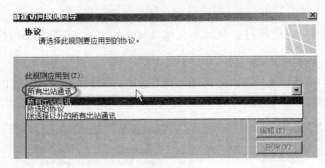

图 9-34　内网互访策略 4

（5）在恶意软件检查的选择中，选择"对该规则启用恶意软件检查"，如图 9-35 所示。

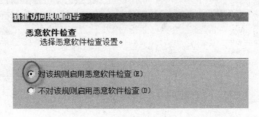

图 9-35　内网互访策略 5

（6）在访问规则源中，需要添加内部网络，单击"添加"按钮，选择"内部"网络，如图 9-36 所示。

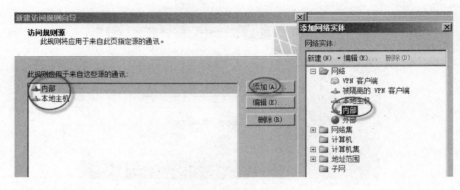

图 9-36　内网互访策略 6

（7）在用户集的选择中，需要添加指定的用户，单击"添加"按钮，选择"所有通过身份验证的用户"，如图 9-37 所示。

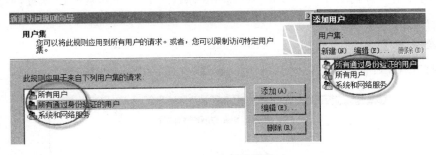

图 9-37　内网互访策略 7

（8）完成配置，如图 9-38 所示。

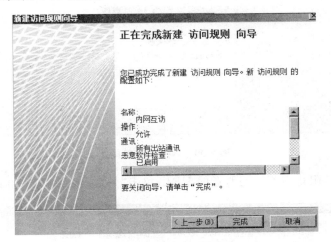

图 9-38　内网互访策略 8

9.4　Web 访问策略

【实验名称】

Web 访问策略。

【实验目的】

通过对 TMG 的设置，可以使客户端访问外网，并可以阻止不良信息对客户端的影响。

【实验拓扑】

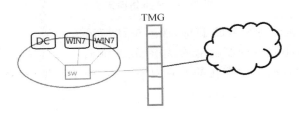

【实验设备】

一台装有企业级防火墙 TMG 的 Windows Server 2008 R2 系统计算机,两台测试计算机。

【实验步骤】

(1) 打开 TMG 防火墙,单击"Web 访问策略"选项,如图 9-39 所示。

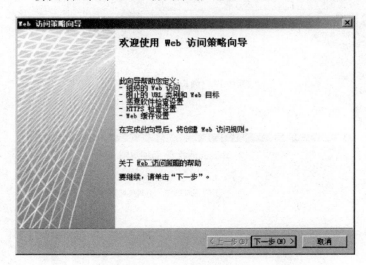

图 9-39　Web 访问策略 1

(2) 设置规则,阻止内部访问恶意的 URL,单击"是"选项,如图 9-40 所示。

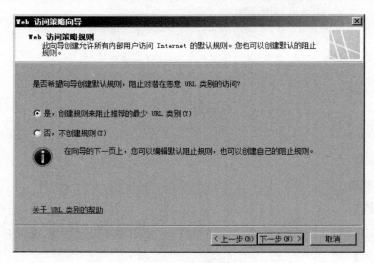

图 9-40　Web 访问策略 2

(3) 选择需要阻止访问的 Web 目标,如图 9-41 所示。

(4) 选择不受 Web 访问限制的用户,如图 9-42 所示。

(5) 选择是否检查网页中存在的恶意对象,为了安全起见,选择"是"选项,如图 9-43 所示。

图 9-41　Web 访问策略 3

图 9-42　Web 访问策略 4

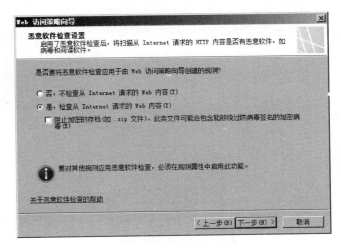

图 9-43　Web 访问策略 5

（6）是否检查加密连接（一般的加密页面很少有恶意软件，如果选择检查，有可能把加密页面的证书、相关网站的控件等阻止，所以应根据需求选择），如图 9-44 所示。

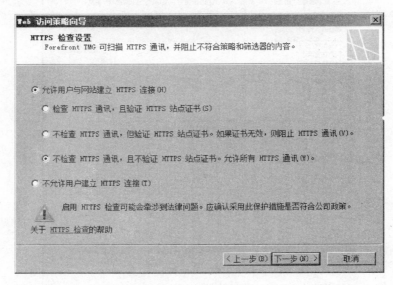

图 9-44　Web 访问策略 6

（7）设置缓存大小，根据默认设置，如图 9-45 所示。

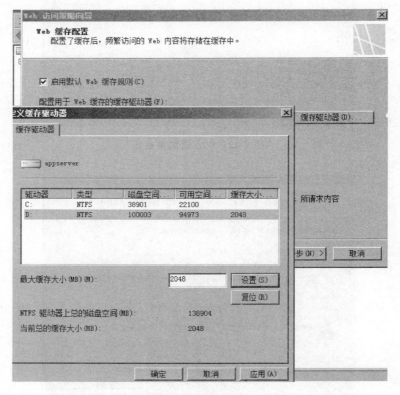

图 9-45　Web 访问策略 7

（8）完成配置，如图 9-46 所示。

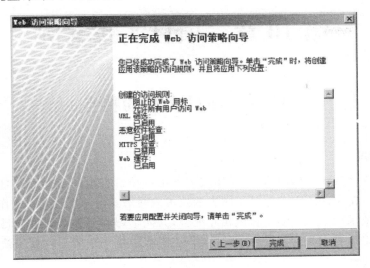

图 9-46　Web 访问策略 8

（9）单击"应用"按钮，生效之前的配置，建议重启，如图 9-47 所示。

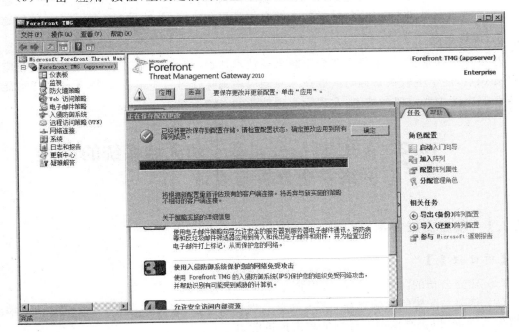

图 9-47　Web 访问策略 9

第 10 章 项目实践案例

10.1 项目实践的特点

1. 基本情况

由学生成立 3 或 4 人的项目组,在实践中学生以项目小组的形式开展自主学习,同时,项目小组要完成指定的虚拟企业基于防火墙技术的网络安全的设计开发工作。在防火墙系统设计过程中要求项目组中学生积极相互配合,共同学习和开发项目。项目经理(组长)组织学生进行讨论学习中和开发过程中的问题,在团队中每一个同学均要扮演一定的角色和承担一定的工作。

2. 设计理念

结合实际需求,设计尽可能贴近真实环境的防火墙技术实践环节,并提供学生有兴趣进行深入学习的资料和奖励机制,使学生能够自主学习和实践,并感受到实践成功后的乐趣。

3. 设计思路

注重理论联系实践,由浅入深介绍防火墙技术知识,结合当前防火墙技术的开发与应用理解知识点,使学生较快掌握防火墙技术并能应用到实际需要中解决问题,使学生尽可能在校内学习企业中所需要的技术,实现学业到就业的无缝衔接。

10.2 ABC 科技公司基于防火墙系统的 网络安全分析与设计

10.2.1 项目实施方案

【项目任务】

(1) 建立公司的防火墙系统,实现企业内部网络的安全需求功能。

(2) 部署与配置防火墙堡垒主机;能够实现包过滤、代理功能、VPN 的配置;防火墙服务器发布功能,以提高内网对外网的攻击抵抗能力。

(3) 监视和报告:可以对防火墙进行实时监控,实现对防火墙会话的实时监控和过滤。

(4) 对内网的网络进行合理配置,不断完善防火墙日志功能。

【要求】

(1) 收集防火墙技术资料,设计该企业防火墙的功能及任务;

(2) 进行深层次的研究,不断完善课题设计;

(3) 按任务需求完成各功能的设计;

（4）完成后进行调试。

1. 目的和意义

ABC 科技公司的防火墙是该公司信息的唯一出入口，需要有较强的抗攻击能力，保证公司内部网络的安全，对外能够阻止外部的攻击。利用 ISA 2006 部署防火墙系统架构。应用包过滤和 NAT 等技术对外部一些敏感资源和主机进行控制、屏蔽内部网络结构，网络地址转换节约 IP 地址。代理功能的配置，提高公司防火墙的防攻击能力。监视和报告：可以实时监控防火墙、Web Proxy 和 SMTP 邮件的日志；对防火墙会话的实时监控和过滤；连接验证器。管理导入和导出配置信息的能力，简化了重复的配置工作。对内网进行优化，内网之间设置策略完善网络。

在 ABC 科技公司网络安全保障的需求下，开发防火墙系统。在保证安全的任务下能够处理各项企业事务的需要。对网络安全进行系统的管理，提高整个网络活动安全性。本课题围绕企业防火墙系统的设计与实现，参考相关的资料，设计出应对企业管理的一些功能。主要利用 ISA 2006 结合网络管理和防火墙技术，对于该系统进行设计和开发。在完成功能设计后，可以使公司的防火墙系统具有提供信息安全服务，实现网络和信息安全的功能。

2. 背景及国内外发展情况

在企业的发展过程中，网络成为企业一种必不可少的资源或者工具。然而随着 Internet 技术在商务领域应用的不断发展和普及，网络和信息安全的重要性日益突出。根据国际著名病毒研究机构 ICSA(International Computer Security Association，国际计算机安全联盟)的统计，目前通过磁盘传播的病毒仅占 7%，剩下 93% 的病毒来自网络，其中包括 Email、网页、QQ 和 MSN 等传播渠道。网络安全问题的日益严峻，使得作为企业的管理者，把保障企业网络安全作为一个重要的议题。

ABC 科技公司作为一家高新技术公司，在这方面需要做的更加突出。安装 ISA2006 防火墙对网络规则进行适当配置，监控进出网络的信息流，并有效防范黑客攻击，保护公司内部网络与信息的安全。针对公司内部员工使用即时聊天工具、P2P 下载、访问不良网站等进行必要的限制。而这些限制都需要用对 ISA2006 访问控制策略进行配置。另外，对防火墙的一系列事件进行日志的监视和报告，能做适当的报警。针对该背景，作为一种保护内部网络的重要手段，对防火墙的安全规划与实施越来越受到重视。

3. 研究的主要内容

部署网络结构，利用 ISA2006 实现以下功能需求。

（1）防止拒绝服务攻击，配置 DMZ(Demilitarized Zone，隔离区)、NAT，基于每个策略的 HTTP 过滤。

（2）包过滤、代理功能的配置，提高防火墙的防攻击能力。

（3）对内网进行优化，内网之间设置策略完善的防火墙系统，使其具有提供信息安全服务，实现网络管理的功能。

4. 拟解决的关键问题

在内部网络方面，使用 NAT 技术隐藏内部网络结构，保护内部信息安全，防止信息外泄，对一些敏感区域进行重点防护。

检查 IP 包头，根据 IP 源地址和目的地址针对性地对外部一些站点进行屏蔽，控制外部一些非正常访问。关键之处是如何判断和定义哪些是非正常访问。其中如果能够对服务器进行监视报警,可让管理员及时采取措施。

5. 解决问题的思路和方法

（1）对本企业网络安全基于防火墙的架构设计;

（2）对网络安全风险进行分析并确定防火墙实施方案及设计;

（3）对防火墙技术的教材再进行深入的重新学习,然后充分利用网络和图书馆这些平台,查资料和参考;

（4）在安装和配置 ISA2006 过程中利用帮助文件或者网上搜索,积极联系指导老师来探讨和分析设计中出现的问题,以达到解决问题和完善设计内容,提升内容价值的目的。

10.2.2　防火墙架构设计

1. 网络架构

（1）N 台 PC: 提供给公司员工办公使用。

（2）千兆交换机一台: 用于连接内网,员工使用的 PC 进行通信。

（3）中心交换机一台: 连接各个公司内网服务器和员工 PC,达到内网通信目的。

（4）边界路由器一台: 对内连接内网,对外连接 Internet,使得内网与外网连通,内外网可以通信,网络拓扑如图 10-1 所示。

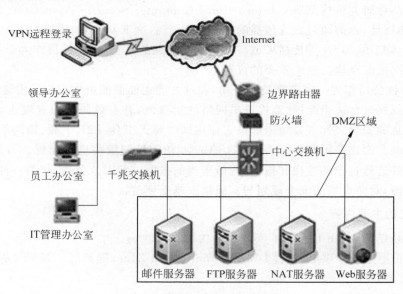

图 10-1　网络拓扑 1

2. 网络安全架构模块

实现公司网络安全的规划与实施,并采用软件防火墙产品 ISA 2006 进行具体的实施架构,功能模块如下。

模块 1: 搭建模拟平台（通过虚拟机进行模拟规划实施）,构建系统平台（通过安装 ISA2006 实现防火墙功能规划实施）,使得各种网络安全防范措施能够在此平台上搭建。

模块 2：创建活动目录(AD)，组建基于域的局域网，方便员工通过内部网络安全方便地交流。

模块 3：对堡垒主机配置代理服务，通过代理连接 Internet，且内网能互相访问，使得内部员工的上网行为安全可行。

模块 4：根据公司业务需求，建设并发布公司官方网站服务器、FTP 服务器、邮件服务器，使得公司及员工能够正常开展业务，也方便客户了解公司的业务及其他各项情况。

模块 5：创建 NAT 服务器(Network Address Translation，网络地址转换)，从而屏蔽内网结构，使之不易被外部了解发现，使得外部网络不易攻击公司内网。

模块 6：构建公司的虚拟专用网络(VPN)，实现员工的远程接入，安全地通过 Internet 访问公司内部网络。

模块 7：使用软件防火墙 ISA 2006 的监视功能，创建会话、连接、日志、报告功能，对网络进行实时监控，以便及时发现和阻止不安全事项。

10.3　ABC 广告公司基于防火墙系统网络安全分析与设计

10.3.1　项目实施方案

【项目任务】

针对 ABC 广告公司内部网络的安全，配置安全策略对进出的信息进行检测，满足公司各部门的需求，保护各分部门之间通信的安全，有利于公司更加好的发展，为 ABC 广告公司设计与实施网络防火墙系统。

(1) 部署网络，并安装 ISA2006 防火墙，选择网络模型，配置网络规则。

(2) 防火墙堡垒主机的部署与配置，包过滤、代理功能的配置。

(3) 基于每个策略的 HTTP 过滤，控制允许的 HTTP 方式、FTP 策略。

(4) 监视和报告：可以实时监控防火墙、Web Proxy 和 SMTP 邮件的日志；网络安全的实时监控和过滤；连接验证器，管理导入和导出配置信息的能力，简化了重复的配置工作。

(5) 定义缓存、缓存规则，并配置计划下载作业，配置每日的报告作业。

(6) 配置 VPN 服务，以及站到站的 VPN 服务，并架设分公司进行 VPN 连接。

【要求】

(1) 收集资料，设计企业防火墙的功能及任务；

(2) 进行深层次的研究，把该课题设计得更加完善；

(3) 按任务需求完成各功能的设计。

ABC 广告公司的防火墙是公司信息的唯一出入口，需要有较强的抗攻击能力，保证公司内部网络的安全，对外能够阻止外部的攻击。利用 ISA2006 部署防火墙系统架构；应用包过滤和 NAT 等技术对外部一些敏感资源和主机进行控制、屏蔽内部网络结构，网络地址转换节约 IP 地址；拒绝服务攻击保护内部服务器的安全，代理功能的配置，提高公司防火墙的防攻击能力；监视和报告,可以实时监控防火墙、Web Proxy 和 SMTP 邮件的日志；对防火墙会话进行实时监控和过滤；连接验证器。管理导入和导出配置信息的能力,简化了重复的配置工作；对内网进行优化,内网之间设置策略完善网络。

在网络安全保障的需求下,设计防火墙系统。在保证安全的任务下能够处理各项企业事务的需要。对网络安全进行系统的管理,提高整个网络活动的安全性。本课题围绕企业防火墙系统的设计与实现,参考相关的资料,设计应对企业管理的一些功能。主要利用 ISA 2006 结合网络管理和防火墙技术,对于该系统进行设计和开发。在完成功能设计后,可以使防火墙系统具有提供信息安全服务,实现网络和信息安全的功能。

10.3.2　防火墙架构设计

防火墙架构网络拓扑,如图 10-2 所示。

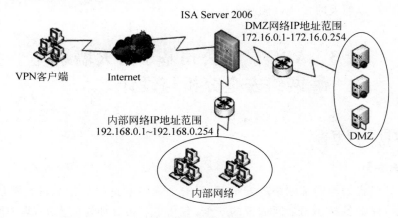

图 10-2　网络拓扑 2

10.4　ABC 保险公司基于防火墙网络安全分析设计

10.4.1　项目实施方案

【项目任务】

（1）根据公司的安全需求,设计适合公司的网络防火墙需求方案。

（2）防火墙堡垒主机的架设,对防火墙服务器要有一定的要求；用代理满足公司员工的网络需求；实现部分员工的 VPN 需求；针对公司 Web、FTP 等服务器设置 DMZ（Demilitarized Zone,隔离区）；实现内外网络的 NAT 转换；实现 Web、HTTP 的过滤；实现日志的监控和分析；实现对防火墙配置的备份。

【要求】

（1）利用防火墙技术,分析及设计企业防火墙的功能；

（2）进行深层次的研究,趋于完善；

（3）完成后进行调试；

（4）汇总报告。

研究的主要内容如下。

（1）建立 ABC 保险公司的防火墙系统，保证企业内部的安全，实现企业对网络应用安全的管理。

（2）实现防火墙堡垒主机的部署与配置。

（3）使用包过滤、代理功能。

（4）VPN 的配置。

（5）DMZ 的配置等各项防火墙技术，以提高内网对外网的攻击抵抗能力（发布 Web 服务到 DMZ，发布邮件服务，发布 FTP）。

（6）内部缓存规则的配置。

（7）防火墙的日志监控和防火墙策略备份，使防火墙具有可扩充性，不断完善网络的安全功能。

10.4.2　防火墙架构设计

防火墙架构网络拓扑，如图 10-3 所示。

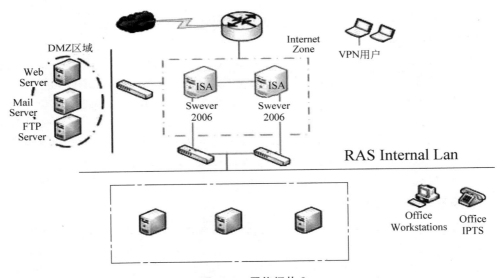

图 10-3　网络拓扑 3

10.5　ABC 证券公司基于防火墙网络
安全分析与设计

10.5.1　项目实施方案

【项目任务】

（1）建立 ABC 证券公司的防火墙系统，保证企业内部的安全，实现企业对网络应用安全的管理。

（2）实现防火墙堡垒主机的部署与配置。

（3）使用包过滤、代理服务功能。

（4）Back-to-Back 防火墙、VPN 服务器。

（5）DMZ 的配置等各项防火墙技术，以提高内网对外网的攻击抵抗能力（发布 Web 服务到 DMZ、发布邮件服务、发布 FTP）。

（6）内部缓存规则的配置。

（7）防火墙的日志监控和防火墙策略备份，使防火墙具有可扩展性，不断完善网络的安全功能。

【要求】

（1）利用防火墙技术，分析及设计防火墙的功能；

（2）进行深层次的研究，趋于完善；

（3）按任务需求完成各功能的任务；

（4）完成后进行调试；

（5）汇总报告。

1. 目的和意义

为实现 ABC 证券公司内部网络的安全，进行安全分析，并符合公司的安全需求，对于公司现有网络拓扑图进行安全分析，找出不足并加以改善，实现公司人员 VPN 需求，实现公司 DMZ 的设置、代理服务功能的实现，实现公司邮箱服务器的安全，实现公司堡垒主机的设置，实现缓存规划配置，实现 Web、HTTP 服务器的需求，实现防火墙的日志监控和防火墙策略的备份等。

针对 ABC 证券公司的实际需要，设计适合公司的网络防火墙。防火墙主要利用 ISA Server 网络防火墙软件。通过在 ISA Server 上的设置、调试，能够有效地合理利用公司的防火墙技术以实现公司的网络安全。

2. 背景及国内外发展情况

网络时代各种病毒肆意而生，不管从个人计算机或者大到企业都基本装有防火墙，如今防火墙的种类也十分多样。有软件类防火墙，更有价格昂贵的硬件型防火墙，如今对于安全要求高的计算机，如金融业的计算机，仅使用网络版杀毒软件进行防护是远远不够的，越来越多的企业已经开始采用硬件级防护产品与之配合，例如，网络防火墙、入侵检测系统等。资料表明，目前在互联网上大约有将近 20% 以上的用户曾经遭受过黑客的困扰。尽管黑客如此猖獗，但网络安全问题至今仍没有能够引起足够的重视，更多的用户认为网络安全问题离自己尚远，这一点从大约有 40% 以上的用户特别是企业级用户没有安装防火墙可以看出。而所有的问题都证明一个事实，大多数的黑客入侵事件都是由于未能正确安装防火墙而引起，因此，网络环境下防火墙的应用就显得愈加重要。

3. 研究的主要内容

（1）根据公司的安全需求，设计适合的网络防火墙需求方案。

（2）功能：防火墙堡垒主机的架设；用代理满足公司员工的网络需求；实现部分员工的 VPN 需求；针对公司 Web、邮件、FTP 服务器设置 DMZ；实现 Web、HTTP 的过滤；内部缓存的规则配置；实现对防火墙日志的监控和防火墙策略配置的备份；系统监视。

10.5.2 防火墙架构设计

防火墙架构网络拓扑,如图 10-4 所示。

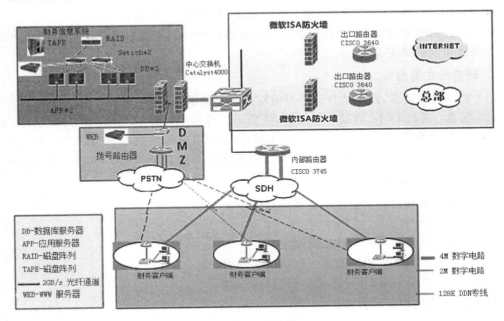

图 10-4 网络拓扑 4

10.6 ABC 信息技术公司基于防火墙系统网络安全分析与设计

10.6.1 项目实施方案

【项目任务】

(1) 部署 ABC 信息技术公司基于防火墙的系统,实现公司网络安全。

(2) 架设外网 Web 服务器,使内网可以访问。

(3) 架设 DMZ,DNS 与 Web 服务器,使内网可以访问外网 Web。

(4) 发布内网 Web 服务器,DMZ 架设 CA 服务器,并发布一个 SSL Web 服务器。

(5) 按时间节点开放用户的即时通信软件,例如 QQ、微信、Skype 等。

(6) 定义缓存规则,配置 VPN 服务。

【要求】

(1) 利用所学的防火墙技术,分析及设计企业防火墙的功能;

(2) 进行深层次的研究,趋于完善;

(3) 按任务需求完成各功能的任务。

1. 目的和意义

为达到 ABC 信息技术公司内部网络的安全,进行安全分析,并符合公司的安全需求,对于公司现有网络拓扑图进行安全分析,架设外部网络 Web 服务器,使内网可以访问;架设 DMZ 的 DNS 与 Web 服务器,使内网访问外网 Web;发布内部 Web 服务器以及 Web 服务器场;DMZ 架设 CA 服务器,并发布一个 SSL Web 服务器;按时间节点向用户开放即时通信软件,例如 QQ、微信、Skype 等;定义缓存规则,配置 VPN 服务。

根据该公司的实际需要,设计适合公司的网络防火墙。采取符合相关要求的防火墙策略以保障公司的网络安全。

2. 研究的主要内容

(1) 根据安全需求,设计适合该公司的网络防火墙需求方案。

(2) 功能:通过 DMZ 的服务器架设,使公司内部网络可以安全地访问外部网络,并实现相关服务器的发布;通过制定防火墙相关策略,定时开放用户的即时通信软件(QQ、微信、Skype 等);定义缓存规则;并通过配置 VPN 服务器,实现公司员工的 VPN 安全登录功能。

3. 拟解决的关键问题

(1) 企业防火墙的安全需求全面到位;

(2) DMZ 的配置;

(3) 防火墙系统访问控制策略的制定;

(4) 实现公司的远程用户使用 VPN 访问公司内网;

(5) 防火墙日志的监控、防火墙策略的备份工作。

4. 解决问题的思路和方法

(1) 对公司的现有网络拓扑图进行分析后设计防火墙架构;

(2) 进行防火墙安全分析并制定防火墙设计方案;

(3) 利用所学防火墙知识来设计防火墙,查阅相关书籍文献及网络资料,求助于有相关经验的网络管理员和老师。

10.6.2 防火墙架构设计

防火墙架构网络拓扑,如图 10-5 所示。

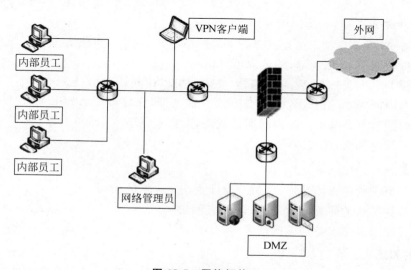

图 10-5 网络拓扑 5

参 考 文 献

［1］ 吴秀梅.防火墙技术及应用教程［M］.北京：清华大学出版社,2010.

［2］ 冯元.计算机网络安全基础［M］.北京：科学出版社,2003.

［3］ 高永强.网络安全技术与应用［M］.北京：人民邮电出版社,2003.

［4］ 戴有炜.ISA Server 2006 防火墙安装指南［M］.北京：科学出版社,2008.

［5］ 阎慧.防火墙原理与技术/国家信息化安全教育认证（ISEC）系列教材［M］.北京：机械工业出版社,2004.

［6］ 张栋,刘晓辉.网络安全管理实践(第 3 版)［M］.北京：电子工业出版社,2012.

［7］ 黎连业,张维.防火墙及其应用技术［M］.北京：清华大学出版社,2004.

［8］ 石淑华.计算机网络安全基础［M］.北京：人民邮电出版社,2008.

［9］ 萧文龙.企业网络安全微软的 ISA Server 防火墙［M］.北京：中国铁道出版社,2001.

［10］ 钟建伟.基于防火墙与入侵检测技术的网络安全策略［M］.武汉：武汉科技学院学报,2004.

图书资源支持

感谢您一直以来对清华版图书的支持和爱护。为了配合本书的使用,本书提供配套的资源,有需求的读者请扫描下方的"书圈"微信公众号二维码,在图书专区下载,也可以拨打电话或发送电子邮件咨询。

如果您在使用本书的过程中遇到了什么问题,或者有相关图书出版计划,也请您发邮件告诉我们,以便我们更好地为您服务。

我们的联系方式:

地　　址:北京市海淀区双清路学研大厦 A 座 714

邮　　编:100084

电　　话:010-83470236　010-83470237

客服邮箱:2301891038@qq.com

QQ:2301891038(请写明您的单位和姓名)

资源下载: 关注公众号"书圈"下载配套资源。

资源下载、样书申请

书 圈

获取最新书目

观看课程直播